文绿融合

城市保护与更新工程实践

张杰 等 著

中国建筑工业出版社

序　一

二十多年前，我应邀去济南为山东广播电视台扩建做设计。记得考察现场途中路过解放路口边一片刚刚经过整修的历史街区，别人告诉我这是清华大学张杰老师做的设计，我便停下脚步更仔细地端详那些反映近代建筑风貌的商业建筑，讲究的比例尺度，丰富的立面层次，恰当的材料和细节，让我看出我们天津大学的基本功。张杰是我在学校时就认识的好学生，他的作业从来都是工整干净、细腻精美。记得我上研究生时曾作为助教带他们81级同学去清东陵测绘，他被分配测绘石牌坊，大夏天的烈日下，他戴着大草帽，坐在小马扎上现场手绘牌楼大样图，神情专注，下笔准确，草图漂亮，给我留下深刻印象。后来听说他毕业后去了英国留学，回国后到清华任教。再见他时是在1999年北京世界建筑师大会上，他帮助吴良镛先生做翻译，远远望去，他已成为大师身边的青年学者了。由于那时接触不多，以为他在吴先生手下一定转向规划方向了，谁想到他在教书之余还做设计，而且是那个地产热潮大干快上时期最不显眼而难度很大又似乎费力不讨好的旧城更新设计。那时，这是许多追求标志性建筑或赚钱多的地产项目的同行们不屑去做的苦活儿，而张老师默默无闻不声不响地去啃这个硬骨头，让我对这位优秀校友又有了新的认识。

十九年前，我主持设计西安大明宫遗址旁的大华纱厂的工业遗址改造。保护、拆改、加固、重构一系列技术问题都一一克服，但最难的还是运营。尽管位置不错，业主也几经努力，但一直效果不理想，刚火了点儿又赶上三年疫情，再次冷清了下来，很可惜。而几乎同时，张杰又悄悄地在景德镇开始了老厂区的改造规划，成功地把老厂区改造成了如今赫赫有名的陶溪川。这片工业遗址不仅保得好，改得好，更令人羡慕的是用得好，这在当下低迷的经济环境下十分难得！如今这里已

成为享誉国内外的陶瓷艺术高地，每逢周末、假期，熙熙攘攘的人流走进陶溪川，让景德镇的城市活力越来越旺。回想起来张老师带领团队也持续陪伴设计了十几年，从遗产保护到城市设计到一大批作品的建筑创新，成果斐然。近期连续获得了好几项重要的国际奖项，值得祝贺！

趁陶溪川成功之机，张老师也约请我和团队参与到景德镇的城市更新和发展的工作中，之后又一起到浙江龙泉和福建德化做工业遗产的改造。在越来越多的合作中，我对张杰老师有关城市更新的思考和方法有了更多的了解，也学到了很多。

首先，我认为张杰老师的城市更新项目之所以不断成功是因为他有很好的理论基础。他早年在英国的留学经历使他较早就了解了欧洲城市更新的理论和实践，从1960年代的《威尼斯宪章》《华盛顿宪章》等重要的国际文献，到联合国《2030可持续发展议程》提出的"城市遗产是可持续发展的必要推动者和强大驱动力"，强调"在保护中发展，在发展中保护"的重要主张，成为张杰老师全心投入我国城市文化遗产保护研究与实践的理论背景和实践依据。他先后出版了《历史城市保护规划方法》《世界文化遗产保护与城镇经济发展》等学术专著20余部，发表学术论文百余篇，还参与起草了相关国家标准、地方规划，并获得专利多项。所有这些都说明张杰老师的实践不仅有西方城市更新研究和实践作为基础，他的在地实践也结合中国国情不断探索和创新，是理论与实践相结合的中国智慧的具体体现。

其次，我认为张杰老师的城市更新每每都十分精彩是因为他既是资深的城市设计师，同时也是优秀的建筑师。一般来讲，城市更新工作十分繁杂琐碎，各类问题交织其中，用一般的规划管理或城市设计导则工具都很难落地。而如果一

刀切地硬性执行也往往效果不好，这就需要管理+研究+设计的方式。张杰老师的工作突出的特色也在于此，不仅有对区域更新的管理规划和导则，也有对具体个案的深入研究，更有能落地实施的精彩设计。这显然不是短期内的阶段性成果，而是长期的陪伴式工作，不仅是一般性的保护修缮工作，更多的是保护与创新并举。在旧建筑里创造新空间、新场景，让历史街区融入当代生活。走在经他改造的历史街区和老建筑中，处处有让你心动的设计呈现，值得钦佩！

再次，我认为张杰老师的城市更新项目屡屡成为业主关注的热点是因为他既是一位优秀设计者又是一位负责任的组织者和谋划者。他在总体谋划中，注意城市多样性的保持、有机更新的分期性控制。他积极与业主配合，在实施进程中邀请不同的优秀建筑师承担不同项目的设计任务，在他和团队的有效组织和协调下，建筑师们能得到比较详细的背景资料，并在导则指引下开展工作，形成了和谐统一又各显风采的创新氛围。不仅让每个建筑都很有品质和创新亮点，更让城市的历史风貌焕发出新的活力，展现出时代的精神。我认为这也是为我国城市更新中长期困扰的保护与发展的矛盾找到了破题点，为许多无休止的学术之争找到了务实的答案，也为经济下行时代的设计师们的自我价值认同找回了信心！值得点赞！

最后我想说的是我特别认同这本书名字中的"文绿融合"。以往在城市更新中，历史街区或遗产片区保护的推动力往往是"文旅打造"，即将风貌和遗产的保护与旅游产业发展结合起来。当然这也似乎没有什么不对，同样是保护推动了发展。但是这种挂钩模式却往往走偏，一是为了旅游不仅要将历史街区和建筑修缮一新，甚至还要新建一大批新的假古董，而且大拆大建投入巨大。二是为了旅游往往将城市街区景区化，不仅干扰了市民的日常生活，也给城市带来季节性的社会管理和交通压力等问题。我理解，从"文旅"到"文绿"是个本质的转变，它既表达了文脉保护和绿化城市的愿景，也可以让城市日常生活的文化品味和绿色健康生活有长久的价值，是真正以城市更新品质提升为目的。张杰老师以其三十多年来对城市更新深入研究和创新实践的成功案例充分证明了这一点。可以说这本书比较全面地展现了张杰老师对城市研究的文化高度，对城市规划和遗产保护的专业视角，更突出的是以建筑学设计的成果开拓了文化保护传承与城市更新相结合的解题思路、实践方法，引领了学科和行业的发展，值得认真学习！

希望在存量提质新时代，更多的业界同仁转向城市更新的主战场上来，让我们城市的明天更美好！

崔愷
中国工程院院士
中国建设科技集团股份有限公司首席科学家
中国建筑设计研究院有限公司总建筑师
2024年8月15日

序 二

我不爱用"城市更新"这个词来套用在我们今天的"城市复兴"与"城市再生"的实践。原因是在德国留学期间，读到、看到"Urban Renewal"在欧洲从提出、兴旺，到大量伴随的问题出现，最后到学界批判反思这一完整的过程。我真不希望我们再走一遍欧美曾经走过的路。

这里面分成两层意思：

第一层意思，是不是要对城市已有建设的建筑、城市、景观进行审视，并维护它的生命。结论是肯定的："是"。必须的，肯定的。

第二层意思，是要不要用"Urban Renewal"（城市更新）这个词？我非常支持用"城市再生和复兴"，这个更加好，好了许多。

原因是"Urban Renewal"（城市更新）的局限：在欧洲1960年代提出后的实践工作被局限在狭隘房屋的修补，变成了物质空间的装修，忘记了城市是一个生命的载体。没有城市生命力的活动的复兴、城市更新实际上是表象的、非本质的。从1970年代看，也不仅仅是城市载体中城市生活、城市生产的需要一并被考虑，甚至首先被考虑，还加上了城市生态的修复和复兴。

城市的生命维护，需要在对城市生活、城市生产和城市生态理解的基础上，以"三生"作为主导，以城市房屋与基础设施作为物质支撑，共同完成城市生命再生和复兴的整体生命力永续维护。

因此，读到张杰大师的这本书时，我是带有特别的期待。张杰大师回归到了城市的再生和复兴的本质。他2003年起领衔编制的第一版《广州历史文化名城保护规划》，首次涵盖了广州全市域、各历史时期的重要保护要素以及山水格局等，在全国率先探索了"空间全覆盖、要素全囊括"的城市保护理论与方法。他在济南深耕了近30年的"泉·城"遗产保护与城市建设协同相关工作，以生态、文化的双重视角，提出了山水环境与城市聚落一体的保护与建设规划方法。

他在景德镇持续10余年，从陶瓷遗产保护、节能低碳、产业经济发展等综合视野，为千年瓷都建立了城市保护与更新的整体框架，沿用至今。这些文化要素与绿色理念交织融合的保护与更新理论方法，在承德、长春等全国众多名城的保护与更新中得到了应用与验证，为我国的城市规划领域未来走向永续发展方向，在大地上做出来了先锋实验。

在整体保护与绿色更新的理论下，张杰教授在历史街区和工业厂区两大类型的城市片区中开展了大量保护更新的创新性研究和实践。他主持编制的福州三坊七巷遗产保护规划，首次将物质文化遗产与非物质文化遗产相结合，提出了街区综合的遗产保护方法，使其成为我国历史街区保护的里程碑。在景德镇陶瓷产业遗产保护与城市更新的工作中，他倡导"设计－投资－建造－运维"（DIBO）全过程的方法，通过区域、城区、片区、建筑多尺度的城市织补与新旧共生的规划设计，大力推动景德镇实现了跨越式发展，成为城市规划业界成功典范案例。

我特别高兴的是，看到张杰教授的城市更新理念在新的时代已完全突破了物质的、建筑的修复，走到了生态、文化以及人民生活的繁荣昌盛的层面。我认为这才是真正的、基于城市生命理论的城市的更兴再生，而不仅仅是对物质载体的修复，这为城市空间设计注入了生命。

我一直认为，城市生命力的保持对于城市的发展至关重要。这种生命力的保持需要社会、经济、文化和生态方面的共同维护。我们城市规划师，在整个城市生命的完整周期中，必须不断维护这种生命力，这也是规划师的一项非常重要的基本职责。而要履行这一基本职责，我们就不仅要理解物质层面的修复，更需要超越物质层面，进行更深入的规划和爱护。

1988年，通过参与巴黎、汉堡和柏林老城复兴的工程实践，我深刻体会到了文明、生态的价值，人民生活便利的价值，以及城市文化旅游复兴对于历史保护的真正意义。

因此，我一直认为，城市规划师的基本职责不仅仅在于一个新城的诞生，更重要的是在新城诞生后，全生命周期内维护其生命力，并不断迭代和注入新的生命力。

在张杰教授《文绿融合：城市保护与更新工程实践》付梓之际，欣然为序。

吴志强
中国工程院院士
同济大学建筑与城市规划学院教授
2024年仲夏 北京通州

前　言

改革开放后，中国从一个农业国迅速发展成世界工厂，城镇化率从1978年末的18%升至2023年的66%[1][2]，城镇人均居住面积从不到7m²增加至43m²。在土地开发的带动下，新的城市道路、基础设施、住房、新产业与功能区等，通过城市改造与新区扩张得以实现。与此同时，以农耕文明为基础的历史城市及其区域在文化与生态环境两方面受到巨大冲击。在此形势下，众多的历史城市必须在保护的前提下，回答如何发展的问题。中国要走的道路、模式必然与西方所经历的有所不同。这主要体现在以下两方面。

首先，中国城市保护的对象本体不同，无论在文化上还是在物质遗存的状况上，都与西方存在巨大差异。多元一体、连续不断的中华文明以农耕文明为主要特征，呈现出广泛的联系性、整体性与继承性。中国城市的基础设施普遍较差，建筑多以一层的砖木建筑为主。西方古代城市以希腊的城邦制为基础，宗教与商业功能突出。100多年的近代工业发展，为绝大部分西方城市奠定了较好的基础设施和建筑条件，且建筑以砖石结构为主体。

其次，城市保护工作在欧洲起步较早，二战后西方各国通过历史街区、城区的保护逐步建立起完整的保护体系。这一过程大致与其后工业发展阶段相吻合。期间，这些国家城市化基本完成，城乡差距显著缩小，郊区化放缓，城乡高度一体化。城市产业结构以现代服务业为主，各类现代化基础设施也已相对完善，人均居住水较高。同时，城市新增建设总量少，并以城市再生为主。相比之下，起步于1980年代的中国的城市保护，不但要解决保什么、如何保的问题，而且还要解决基本的发展问题。所以，保护与更新就成为我们必须解答的"联立方程"。因此，我国确立了"在保护中发展，在发展中保护"的方向。当然，今天中国的城市更新的内涵已不同于北美和欧洲战后的"更新"（Urban Renewal），它强调文化传承，反对大拆大建，以高质量发展为目标。

从1990年代初起，清华保护与更新团队继承梁思成城市整体保护的思想和吴良镛有机更新的理论，从北京古城到广州市域，再从福州三坊七巷到景德镇老城，针对城市保护与发展的关键问题，探索了一条适合中国文化特色与国情、以遗产为引领的城市绿色更新的道路。

城市保护首先要解决保什么的问题。1950年代以前，欧洲城市已展现出历史叠加的特点——罗马帝国时期、中世纪、文艺复兴、工业革命早期的历史印记均可窥见。但受当时认识的局限，历史保护的注意力集中在教堂等古老大型公共建筑上。真正意义上的城市保护是从街区保护逐渐走向后来在历史性城镇景观方法（Historic Urban Landscape，HUL）指导下的对城市更为综合的保护与更新。这一方面反映了西方城市产权制度和法律体系的特点，另一方面也折射出其保护观念根植于其历史文化与遗存现状的现实。

中国的历史城市虽在近代受到西方工业化、早期现代主义的影响，但从总体上看，传统城市的文化与遗存仍是主体。中国文化脉络的延续性与大一统的特点等，不可避免地激发人们对整体保护的思考，1950年代梁思成先生对北京老城整体保护理念的提出就是早期思潮的代表。1970年代，联合国教科文组织提出了世界文化遗产"突出普遍价值"的概念及其六条评定标准，为遗产真实性、完整性搭建了完整的框架，但这些还不能直接用于中国城市历史文化遗产保护的体系。我从1990年代初开始对中国古代聚落的独特性开展研究，2012年出版了《中国古代空间文化溯源》，该书于2016年再版。2021年该书入选国家社科基金"中华学术外译项目"，2023年美国 *Studies in the History of Gardens &*

Designed Landscapes杂志对该书摘要翻译转载。该研究打通了古代天学、地学与营建设计之间的内在联系，为系统把握中国传统聚落、建筑、园林等的遗产价值提供了崭新的视角，其分析方法被广泛应用于聚落遗产保护规划中。

从21世纪初开始，中国城市进入快速扩张期，城乡遗产受到前所未有的挑战。2003年我带领团队与地方合作，开始编制广州历史文化名城的保护规划，在国内率先开展了城乡文化遗产全域、全要素保护体系的探索。这一工作在当时《中华人民共和国城市规划法》关于"保护历史文化遗产、城市传统风貌、地方特色和自然景观"的要求指导下，将很多非法定要素划入保护体系，包括了城、镇、村、农业景观、山水格局等。同时，规划首次将改革开放后的重要建筑、构筑物划为保护对象。这一体系在以泉水为根基的济南历史文化名城的保护中得到了进一步发展，形成了"泉·城"一体的文化遗产保护方法。在这一方向上的工作，还包括承德、昆明、正定、福州、日喀则等名城的保护规划，以及景德镇陶业文化遗产体系的保护。这些规划研究与实践既是对中国城市文化遗产的整体性思考，将农耕文明与近现代历史发展整合起来，又准确反映了不同区域的特点以及每个城市自身历史演进的脉络与多元叠加的文化遗产价值与特色。

西方近代史学注重大的历史事件，正如黑格尔所说的那样，历史的意义在于发展，忽略了相对稳定的文明发展史的进程。20世纪初"年鉴学派"建立起了三个时段的历史观念，将历史分为长时段、中时段、短时段三个尺度，为更完整地认识文明及其进程中的历史事件提供了新的视角——事件只是大海中的浪花。历史城市是特定文明依托特定的自然环境发展起来的。它们有相对稳定的地理环境，持续几百年的城市基础设施、城市格局、法律制度等，以及每一时期

的群体和个人或惊天动地、或默默无闻的人生轨迹。济南泉城是一处典型的、跨越三个历史时段的文化景观遗产。先民们将人居系统科学地嵌入自然泉水系统，形成山、泉、湖、河、城一体的天人合一的体系。从"齐烟九点"的瑰丽图景到"鹊华烟雨"的人文画卷，再到"家家泉水、户户垂杨"的生活场景，无不展现了一脉相承的文化脉络。清华团队与地方合作，研究数十年，最终提出了"泉·城"遗产体系及其综合保护策略。今天中央关于历史文化传承的战略部署确立了完整的时空框架，将代表中国几千年文明的大历史与各历史时期的日常生活的文化风俗贯穿其中，涵盖了民族、国家的历史，以及社区、个人的记忆等各类载体。这是对世界城乡遗产保护体系的伟大贡献，将联合国教科文组织倡导的"历史性城镇景观"的方法推向了一个新的高度，为顺应保护与发展的时代诉求指明了方向。

如前所述，中国的城市保护一开始就是与人类历史上前所未有的大规模快速城镇化紧密联系在一起的。不解决发展问题，保护也难以为继。这对传统的城市规划和建筑学是一个系统挑战。自20世纪70年代以来，可持续发展成为全球面临的重大议题。西方现代主义城市与建筑理论为解决近代工业城市的问题，提出了"功能分区"城市理念；为满足快速建设的需求，推崇以技术理性和经济效益为宗旨的标准化、规模化的建筑体系和规划设计方法，忽略了城市环境的复杂性。其后的城市建设模式暴露了严重的环境、社会、经济问题。单一刻板的独立式建筑类型使建筑与城市的有机联系被解构，千百年来人类文明形成的、服务于日常生活的街道、广场等场所消失。城市从此面临现象空间、几何空间、建筑空间三重空间的分离。

简·雅各布斯的《美国大城市的死与生》（1961）[3]透

过战后美国城市改造的问题，敏锐地觉察到了城市生活的多样性、丰富性及其社会内涵。早在19世纪末，卡米洛·西特（1889）就注意到了工业理性主导下的城市空间的弊端[4]。根植于意大利深厚城市文化的阿尔多·罗西的《城市建筑学》（1966）[5]首次超越现代功能主义，指出了建筑与城市的不可分性，认为城市是日常生活的舞台，建筑类型通过城市空间建构着集体记忆。罗西的学说开启了城市建筑的人类学方向。同期，美国建筑师罗伯特·文丘里的《建筑的复杂性和矛盾性》（1966）[6]嘲讽了现代主义建筑执拗于理性的迂腐，歌颂了美国城市建筑多元的世俗表达。埃德蒙·培根的《城市设计》（1967）[7]提醒人们，服务于人的需求和活动是城市设计的灵魂；但受时代的局限，培根对大规模城市改造的反思仍是"现代主义"的。

1972年联合国人类环境会议发表《人类环境宣言》，1987年世界环境与发展委员会发表的《我们共同的未来》就"可持续发展"理念达成了全球共识。《2030可持续发展议程》（2015）、《新城市议程》（2016）等国际公约或文件使这一理念更加深入人心。在这一趋势下，生态足迹、碳足迹、节能形态、生态韧性等城市与建筑设计理论纷纷涌现。虽然1960年代末生态建筑学[8][9]的概念就已出现，但相关理论发展缓慢。直至1990年代初，威尔夫妇出版的《绿色建筑学：为可持续发展的未来而设计》[10]才正式开启了绿色设计的新时代。后来紧凑城市[11][12]等理论将这一思想拓展到城市。至此，城市与建筑设计也进入真正当代意义上的发展时期。

在全球化的浪潮中，人类一方面经历了前所未有的城市扩张，一方面又面临着"文化"与"绿色"双重目标导向的城市再生（regeneration）的新需求。中国作为这一时期全球发展的引擎，面临着如何处理好城市发展与保护关系的重大课题。1990年代初开始，我带领清华团队，针对当时大规模的城市改造，以北京国子监等历史文化区的保护为切入点，建立了建筑、院落、街区保护更新的诊断评估的技术体系，率先提出了"小规模、渐进式"更新方法[13]①；为后来北京老城25片历史文化保护区保护规划的编制和遏制大拆大建的趋势提供了重要的技术参考。这一思想和技术方法在后来广州等一系列名城的历史街区的划定，以及南京老城南、福州三坊七巷等片区保护更新工程中等得到应用和完善，并纳入国家《历史文化名城保护规划标准》GB/T 50357—2018，在全国推广。

中国快速城镇化的40年也是城市产业、人口、用地结构发生质变的40年。一方面，早期相对偏远的工业区、厂区不断被扩张的城市用地所包围，受环境、交通、地价等方面的影响，其发展受到制约，效益低下。它们与那些位于老城的工业区一样，均面临"工转民"的挑战。另一方面，一些老旧工业因资源枯竭和技术落后不得不转型。自2004年全面推进土地招拍挂制度的实施后②，很多城市的老旧工厂陆续成为土地再开发的重要对象。虽然历史街区大拆大建在2006年前后转入小规模的更新为主，但是大量老旧工厂面临被拆除开发的威胁。如何建立科学的保护更新标准事关重大。

城市保护与更新的绿色低碳领域学要解决城市、建筑两个层面的问题。近年来，绿色建筑和建筑单体碳排放方面的研究发展较快，技术相对成熟；但对城市空间与功能综合形态的能耗和碳排放规律的认识还不清楚。为此，我与团队从2006年前后开始，开始摸索节能形态和低碳方面的研究与城市保护与更新结合的可能性。在城市层面，团队利用全国城市的数据，通过模型计算，确立了中国城市的节能形态因子，包括最佳就业、商业、社区三级中心的腹地面积，以及城市密度、开放空间、功能混合度、住宅户型面积等[14]，为既有片区的环境与功能的低碳提升提供了科学的理论基础。在建筑层面，团队在老旧街区、厂区历史文化价值特色要素体系的基础上，融合既有建筑的隐含碳等因子，建立了一套文化与绿色相结合的诊断评估方法，为后续的保护更新的"留改拆补"决策与设计等提供了科学依据。

过去十几年里，我带领团队深耕千年瓷都景德镇，面向其历史文化特色保护传承与发展，开展了一系列深入研究和规划设计实践。工作以保护瓷业遗产为引领，围绕"景漂"创意群体的生产、生活、交流等需求，营造开放的陶瓷艺术产业社区，推动古城和老旧工业厂区的更新和韧性提升，惠及社区，实现了景德镇这个资源枯竭型工业城市的跨越式转型发展。其中，以陶溪川陶瓷文化创意产业园为核心的片

---

① 该论文入选《城市规划》（1977—2016）"40年40篇影响中国城乡规划进程优秀论文"。

② 2002年《招标拍卖挂牌出让国有土地使用权规定》（国土资源部11号令）是我国首次针对土地招拍挂制度颁布的专门规章，2004年《关于继续开展经营性土地使用权招标拍卖挂牌出让情况执法监察工作的通知》（国土资发〔2004〕71号）全面推进了土地招拍挂制度的实施。

区已发展成城市产业、商业、文化副中心；而陶阳里历史文化街区则成为展示景德镇千年陶瓷历史与文化传承的精华所在。"文绿融合、新旧共生"的理念贯穿于"设计–投资–建造–运营"（DIBO）一体的项目全流程中。

景德镇实践涉及城市的整个老城，范围广、问题多、难度大。在持续十几年的、前所未有的保护更新工作中，既需要建章立制，又要开放灵活、勇于探索。在设计层面上，团队与地方政府、主管部门、实施主体一道，共同开创了一种全新的城市设计方法，跨越了传统意义上的城市规划和建筑设计的边界。这一方法以遗产、生态、公共空间为核心要素，构建城市特色空间骨架，以场所营造为抓手，通过动态实施，形成空间、景观、业态、人群一体的场景。这种方法以开放的过程和相对稳定的空间意向，吸引了"景漂"、社区、投资者、建筑师、艺术家、新型业态主理人等多元群体的广泛参与。

保护与更新是一个整体，如何在不同尺度上将新旧建筑、环境有机结合、综合提升，实现历史文化在当代的传承是一个系统工程。团队在景德镇的工作，在开放的城市设计框架下，积极探索"区域–片区–建筑–构件"多尺度嵌套的新旧共生的设计方法，尝试将记忆载体传承、建成环境绿色化改造、建筑垃圾资源化再利用、当代功能场所的地域化建构等融为一体。在建筑与环境设计营建中引入新材料、新工艺，创新解决结构安全、防火、节能、韧性等技术难题。当然，所有的技术的努力都必须围绕一个主题——人。只有以人的有效感知为标准指导场所的营造，我们才能使现象空间、几何空间、建筑空间重新成为一个整体，实现工程向日常生活的回归。这是人文主义城市与建筑的核心，也是当代体验经济的成功密码。

本书主要选取了我和团队自2000以后启动并已经完成的相关研究性工程实践。我们按照文化与绿色融合的主线，对工程案例进行了甄选。它们涵盖了保护更新规划、历史文化景观的保护与生态环境提升，遗产建筑、老街区、厂区的保护修缮，以及基于文脉传承的织补类型的建筑设计。通过此书的编纂，团队对过去20多年的研究性实践进行了系统梳理和思考，力求归纳出背后规律性的东西。列入本书的案例有的曾在不同的刊物和书籍中发表过，有的则是第一次呈现给读者。我们衷心希望以此为契机，引发各界对我国城市保护更新的深入思考，助力国家战略的顺利实施，推动学科和行业发展。

张杰

2024 年 6 月 21 日

[1] 国家统计局. 城镇化水平显著提高城市面貌焕然一新——改革开放40年经济社会发展成就系列报告之十一 [EB/OL]. (2018-09-10)[2024-06-23]. https://www.stats.gov.cn/zt_18555/ztfx/ggkf40n/202302/t20230209_1902591.html

[2] 中华人民共和国2023年国民经济和社会发展统计公报 [J]. 中国统计, 2024, (3): 4-21.

[3] Jane Jacobs. The Death and Life of Great American Cities[M]. New York: Random House,1961.

[4] Camillo Sitte. Der Städtebau nach seinen künstlerischen Grundsätzen[M].Vienna: Birkhäuser, 1889.//卡米洛·西特. 遵循艺术原则的城市设计[M]. 武汉: 华中科技大学出版社, 2020.

[5] Aldo Rossi. L'architettura della cittὰ[M]. Padua: Marsilio Press,1966.//阿尔多·罗西.城市建筑学[M].北京: 中国建筑工业出版社, 2006.

[6] Robert Venturi. Complexity and Contradiction in Architecture[M]. New York: The Museum of Modern Art, 1966.

[7] Edmund N. Bacon. Design of Cities[M]. New York: Viking Press, 1967.

[8] Paola Soleri. Arcology: The City in the Image of Man[M]. The MIT Press,1969.

[9] Ian McHarg. Design with Nature[M]. New York: The Natural History Press, 1969.

[10] Brenda Vale, Robert Vale. Green Architecture: Design for a Sustainable Future[M]. London: Thames and Hudson Ltd, 1991.

[11] CEC(Commission of the European Communities). Green Paper on the Urban Environment. Brussels, EEC, 1990.

[12] Breheny M. Sustainable Development and Urban Form[M]. London: Pion, 1992.

[13] 张杰. 探求城市历史文化保护区的小规模改造与整治——走"有机更新"之路[J]. 城市规划, 1996, (4): 14-17.

[14] 张杰，毛其智，解扬，陈骁.节能城市与住区空间形态研究[M].北京：清华大学出版社, 2018.

目录

01

城市整体保护与更新

在城市整体层面，从广州、济南等典型城市出发，逐步探索与开展城市全域遗产保护工作，提出将建成遗产及其周边山水环境等视为一体并进行整体保护，同时创立整体风貌保护理论和方法。基于景德镇、南京等地的实践，首次提出DIBO（设计-投资-建造-运营）的理论框架、流程及技术体系，提升运营实效，促进可持续发展。

广州历史文化名城
保护规划

广州，广东　2004—2014 年

　　将广州历史文化名城保护与城市战略发展规划紧密结合，在全国首次面向城市全域系统甄别并确定了各类保护要素，提出"山、水、城、田、海"的城市格局保护理念，开创性地将反映改革开放的重大历史建筑纳入保护体系，从而推动了历史城区的功能转型和环境综合整治，同时制定了历史城区的风貌评价和高度控制标准，为历史遗留问题提供了创新解决方案，并通过示范项目引领全市保护工作。

项目地点：广东省广州市
设计时间：2004—2014年
规划面积：7400km²
设计单位：广东省城乡规划设计研究院
　　　　　　北京清华同衡规划设计研究院有限公司
　　　　　　清华大学建筑学院
业主单位：广州市规划和自然资源局
摄　　影：视觉中国

项目概况

历史价值 广州是第一批国家历史文化名城，具有2200多年的建城史，历代城市选址从未改变并延续至今。其独特的地理环境、丰富的文化遗产和多元的城市风貌集中体现了古城厚重的历史和特色。广州古城历史上一直都是岭南地区的政治、经济和文化中心，它所承载的岭南文化在今天仍具有强大的生命力，它是广州城市活力的重要元素。广州是我国古代南方的门户，也是海上丝绸之路的重要起源地之一，留下了许多文物古迹和标志性建筑，其对外贸易港口的显赫地位长盛不衰。

面临问题 广州作为中国改革开放的前沿，在20世纪90年代成为全球城镇化发展最快的地区。2000年广州开展了城市总体发展战略规划编制工作，谋求更大的城市空间拓展。如何协同文化保护的传承与发展，已成为亟须解决的重大课题。此时，城市保护的相关法规、制度建设等刚刚起步，名城保护的框架有待完善。作为我国重要的历史城市，广州的历史文化保护要素缺少系统而全面的普查与评估，其价值与特色挖掘不足，保护要素不成体系。特别是对历史城区与街区保护的要求不明确，老城区建设高度失控，以及保护与功能发展不协调等核心问题突出。

项目成果 从2004年起，我们团队与广东省城乡规划设计研究院合作，历经十余年探索，在广州市域范围内对文化遗产及区域文化地景进行整体梳理，建立了完整的名城保护体系，并将其纳入城市总体战略规划，成为第一个指导广州历史文化名城保护的纲领性文件，这也是全国第一个在行政区全域内开展的保护规划。该规划在编制过程中与各界互动，形成了广泛的公众参与，为名城保护建设管理提供了可靠的基础，也是我国名城保护制度发展的里程碑。

广州近代轴线

与战略发展规划相结合

该规划梳理了城市复杂的建设矛盾，积极推动历史城区职能的重大转变。规划将历史城区的功能定位为：广州市的政治、经济和文化中心，集行政办公、商贸、旅游、文化游憩、休闲购物、娱乐、居住等于一体的城市综合功能区。同时，弱化行政职能，合理调控人口规模，限制人流以及物流量大的功能与设施的发展与引入，将大型商贸批发市场、工业企业等逐步迁出，合理控制大型学校及医疗设施用地的增加。该规划有效引导太古仓码头仓储物流用地转型与活化利用，以及十三行大型专业批发市场的外迁等。

明确保护要素与价值的完整性

针对城市大规模扩张的背景，该规划系统梳理了广州的历史发展脉络、城市沿革和现存的历史文化资源，并深入挖掘文化内涵。在价值凝练方面，规划首次提出以下三个基本判断。一、市域众多的历史文化遗产是广州历史文化名城保护要素的重要组成部分；二、自然环境要素是广州城乡和谐交融，以及整体山水格局与景观环境的重要组成部分；三、广州城乡丰富的住宅类型和布局是岭南文化多样性与开放包容性的体现。

该规划对市域保护要素开展了详细的甄别与确认工作，以系统地反映广州地区从古至今连续完整的历史文化价值，并建立了相应的保护要素体系。同时，规划凝练了广州历史文化名城九大核心价值和特色，明确了广州历史文化名城与传承的内容与目标。

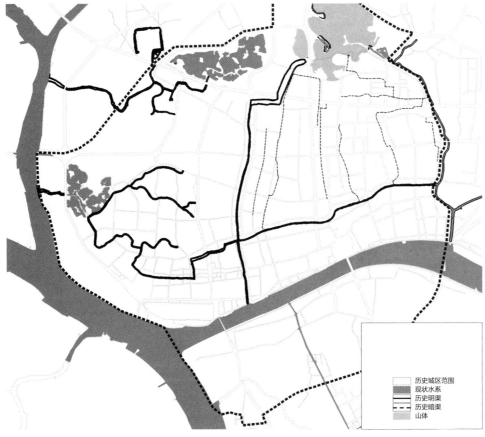

广州历史水系恢复示意图

历史旧城区研究范围内空间格局要素分析图

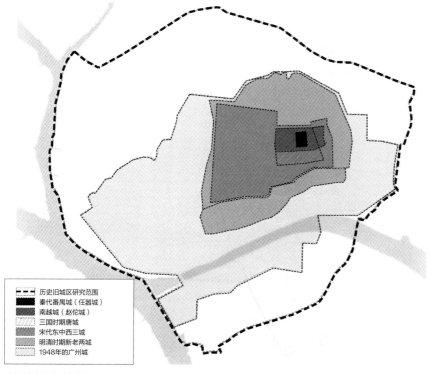

历史旧城区研究范围
秦代番禺城（任嚣城）
南越城（赵佗城）
三国时期唐城
宋代东中西三城
明清时期新老两城
1948年的广州城

广州城市轮廓变迁图

"山、水、城、田、海"整体格局

在广州全域，第一次将完整的历史价值与地域景观结合，提出了保护"云山珠水"和"山、水、城、田、海"的整体环境格局，为当时正在酝酿的广州战略规划和新一轮总体规划注入了新的视角与内容，并重点提出了"一山、一江、一城、八个主题区域"的整体空间保护战略。其中，"一山"是指白云山以及向北延伸的九连山脉（广州段）；"一江"是指珠江及其大小河涌；"一城"是指历史城区；"八个主题区域"是指市域范围内的八个历史文化主题区域。针对历史城区，规划制定了古城轮廓保护、建筑高度控制、城市传统中轴线保护、骑楼街保护等措施。同时，对特色街道、水系空间、绿化风貌和开放空间等提出了保护策略。

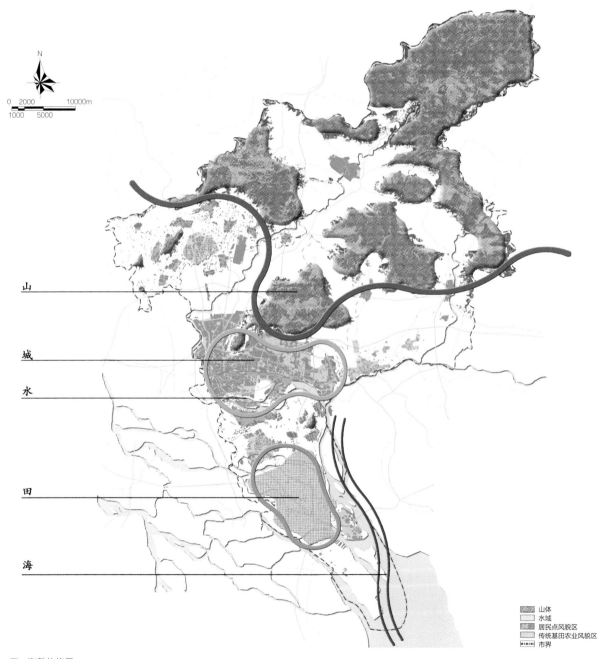

山、水、城、田、海整体格局

"历史城区"边界划定、风貌评价与整体高度控制

第一，规划在国内率先探索了历史城区划定技术方法。2003年之前，"历史城区"作为一个规划概念尚不明确。本规划在国内较早地将"历史城区"这一概念进行了探索性实践。规划提出了"历史格局-现状评估-风貌评价"的综合划定标准，清晰地划定了历史城区的范围界线。这主要包含了20世纪50年代以前发展成形的广州老城区，解决了广州老城保护管理边界的争议。

第二，规划首次对广州历史城区及周边区域进行系统体检。在对历史城区内的建筑风貌与质量等的系统评价的基础上，准确划定了历史文化街区的边界，并提出了历史文化街区-历史风貌区两级保护框架。历史文化街区及历史风貌区共计45片，保护范围面积近670hm²。同时，明确了核心保护范围和建设控制地带，并在此基础上提出历史文化街区保护措施与区划管理规定。规划还针对体现广州城市商业文化的重要载体——骑楼街的历史风貌的完整性进行了详细评估，提出了分类保护标准及典型骑楼街片区保护名录。

第三，首次对历史城区提出分层次的高度控制要求，创造性地解决了大量历史遗留项目的审批难题。规划综合考虑越秀山与珠江的视廊、老城的整体建筑高度与风貌和现状建设实际情况。经过评估论证，提出了针对历史城区三个层次的高度控制规划，包括历史文化街区核心保护范围、建设控制地带以及历史城区环境协调区。当时大量已批待建项目超过了这一控制高度的要求。为保证历史城区建筑高度控制的严肃性，规划梳理出历史城区自改革开放以来的所有审批项目，共计1000多宗。在广州市政府的统筹下，通过"技术评估+经济评估+行政影响评估"的方法进行逐项排查。经过4年多的艰苦细致工作，最终在2012年广州市名城委主任扩大会议上明确了历史遗留问题的处理原则，即通过部分项目的减量或收回等方式，解决了一些已批待建项目的高度控制问题，因为它们严重影响了历史城区的风貌。

第四，提出了恢复历史水系格局的规划。本规划在深入研究城市历史水系变迁的基础上，结合未来防灾、休闲等方面的需求，提出通过绿化和适当的揭露等恢复老城的历史水系，引导近期重点保护项目的实施，这包括党和国家领导人曾几次莅临视察的东濠涌整治工程、荔枝湾涌的"揭盖复涌"工程等。

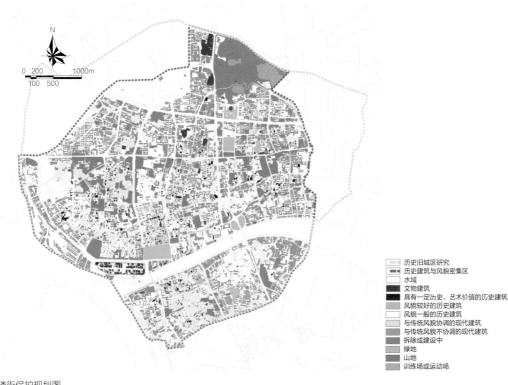

骑楼街保护规划图

示范引领作用

本规划指导了一系列下位规划和保护实施工程，特别是在编制过程以及审批公布以后，有效推动、指导了广州一系列的重要保护工作，主要包括以下六方面内容。

（1）推动了历史文化名城保护的制度建设。为了强化规划成果的法规性，编制组在规划编制过程中协助地方制定了《广州市历史文化名城保护条例》《历史建筑和历史风貌区保护办法》《历史城区建设项目遗留问题规划处理方案》《第三届广州市历史文化名城保护委员会组成及议事制度》等，并将其核心内容纳入保护规划。

（2）综合整治工程，如沙面综合整治、黄埔丝路古港整治、大元帅府高架引桥拆除等，大大提升了这些历史地段的文化内涵和环境品质。

（3）骑楼街整治工程，包括西关骑楼街整治、洪德路骑楼街整治、中山四路骑楼街整治等。

（4）活化利用工程，主要表现在工业遗产、传统民居的活化利用上，突出的例子包括TIT创意园、十香园环境改造、广州摩托车厂的场地保护利用等。

（5）成功处理历史遗留建设问题。通过减量51万m²建筑面积的行政手段，妥善处理历史城区因高度控制带来的遗留问题。

（6）全市保护专项工作，包括历史建筑普查以及"美丽乡村"建设等。

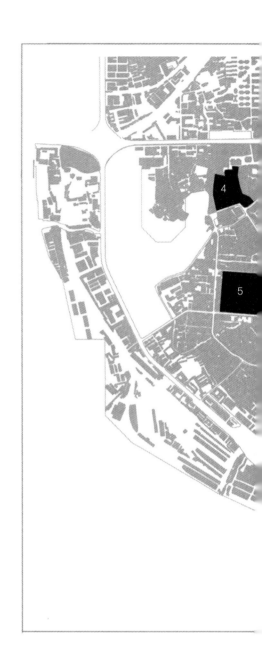

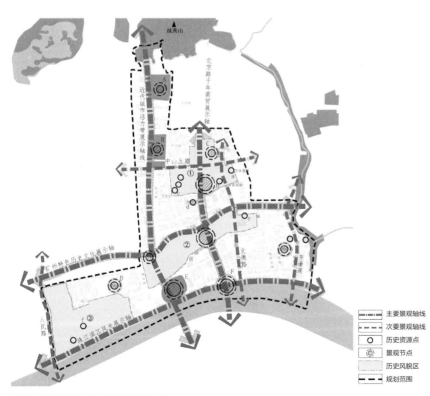

广州市北京路片区展示线路规划图示意

主要景观轴线
次要景观轴线
○ 历史资源点
◎ 景观节点
历史风貌区
规划范围

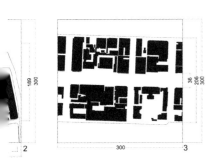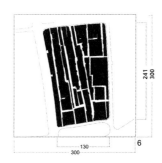

历史城区街区典型肌理分析图

济南泉城文化传承
与发展协同规划

济南，山东　2000 年至今

　　济南泉城是世界大型冷泉聚落的孤本。该项目构建了以泉域为视角的多尺度、多形态的"泉·城"遗产可持续保护体系，并通过跨学科研究深化了对泉城文化景观价值的认知。同时，运用数字化技术保护历史文化街区，实现遗产保护与城市发展的协同。

项目地点： 山东省济南市
设计时间： 2000年至今
规划面积： 10240km²
设计单位： 北京清华同衡规划设计研究院有限公司
　　　　　　　济南市规划设计研究院
　　　　　　　济南市园林规划设计研究院
　　　　　　　同圆设计集团股份有限公司
业主单位： 济南市自然资源和规划局
　　　　　　　济南市城乡水务局
　　　　　　　济南市城市园林绿化局
　　　　　　　世茂集团
摄　　影： 是然建筑摄影　项目组

济南山水风貌

区位图

2007 年航拍图

项目概况

历史价值　济南是国务院1986年批复的第二批国家历史文化名城，拥有4600多年的文明史和2600多年的建城史，因其泉与城共生共融，被誉为"泉城"，其自然与历史文化资源丰富。独特的地质水文环境与至今仍持续喷涌的1200余处出露泉眼，共同构成了大型聚落冷泉人工利用循环体系，并被誉为世界独一无二的"天然岩溶泉水博物馆"。

面临问题　济南泉城文化遗产的内涵与价值如何认知？遗产保护与管理体系如何构建？泉城文化价值与风貌特色如何有效彰显和传承？还有遗产保护与城市发展又如何建立协同机制等？这些都是济南面临的重大课题。由于历史原因，老城人口密度高、老龄化严重、街区内老建筑年久失修、基础设施落后，人居环境品质亟待改善提高。如何通过遗产保护与利用改善民生，并促进高质量发展，这是济南面临的关键问题。

项目成果　自2000年以来，我们团队开展了持续的济南泉城文化传承与发展研究、规划和实践工作，其中包括济南历史文化名城保护规划、泉·城文化景观申遗及相关规划、济南古城城市设计、芙蓉街-百花洲、将军庙历史文化街区保护规划，以及解放阁-舜井街详细规划等一系列工作。

这些工作确立了以大遗产观为引领、以遗产保护与城市建设相协同为准则、以多层次系列规划设计为解决问题的技术手段，并探索从理论到政策、再到规划管控的全过程、全要素和多尺度实践。

济南历史文化名城保护规划与立法

本规划以发展的遗产观和新技术规范为指导，紧扣新时代生态文明与文化传承的总体要求，以凸显济南泉·城历史文化景观为引领，深入研究名城价值，构筑基于泉城动态演变、历史信息叠加、文化传承空间三条线索的遗产保护体系，反映济南人、泉、城互动的记忆，明确遗产要素的保护要求与措施，建立文化景观与名城的动态管理系统。规划还以泉为核心，梳理出近期实施项目，推动泉城文化景观特色的落地实施。

构建泉城遗产格局　以城市历史景观（HUL）为引领，聚焦济南泉城的生态与建成环境以及文化传承的特点，构建名城价值与要素体系。

首先，以泉水和泉城的发展关系为基础，分析泉水的形成与聚落发展的关系。规划构建了济南泉水单元与生态基底，形成"山–泉–湖–河–城"五位一体的城市文化景观和"四面荷花三面柳，一城山色半城湖"的特色格局。

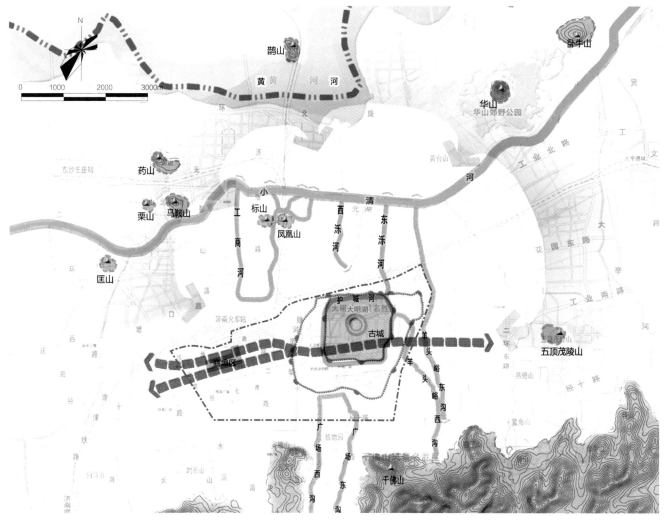

历史城区及周边环境保护结构图

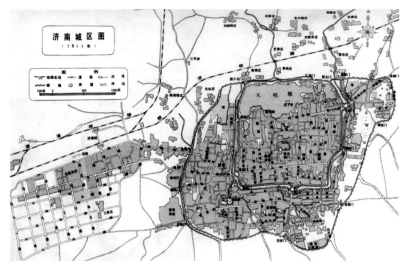

1911年济南城区图（来自于济南地图网）

其次，构建了名城完整历史脉络和时空价值体系，提出"古城-商埠区"双城并举的格局，以保护中西风貌各异的街区、风貌区、文保单位以及明清至民国时期的居住和商业建筑，以及工业遗产、红色遗产与当代遗产等。

最后，梳理了儒释道文化、名士文化、泉水文化等非物质文化遗产及其关联的文化空间，形成体现济南兼容并蓄的历史文化空间体系。

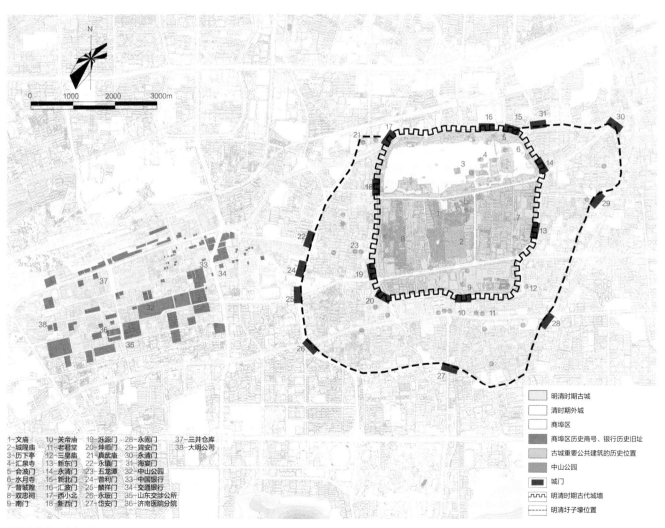

1-文庙　　10-关帝庙　　19-泺源门　　28-永固门　　37-三井仓库
2-城隍庙　　11-老君堂　　20-坤顺门　　29-永清门　　38-大明公司
3-历下亭　　12-三皇庙　　21-真武庙　　30-永清门
4-汇泉寺　　13-新东门　　22-永镇门　　31-海宴门
5-会波门　　14-永清门　　23-五龙潭　　32-中山公园
6-水月寺　　15-新北门　　24-普利门　　33-中国银行
7-督城隍　　16-汇波门　　25-麟祥门　　34-交通银行
8-双忠祠　　17-西小北　　26-永绥门　　35-山东交涉公所
9-南门　　　18-新西门　　27-岱安门　　36-济南医院分院

古城商埠发展演变示意图

图例：
明清时期古城
清时期外城
商埠区
商埠区历史商号、银行历史旧址
古城重要公共建筑的历史位置
中山公园
城门
明清时期古代城墙
明清圩子壕位置

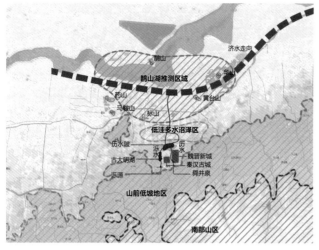

魏晋时期的城市和山水环境

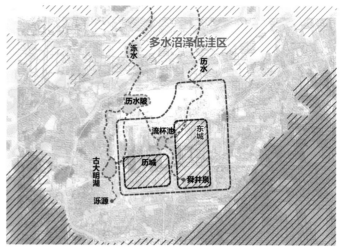

魏晋时期古城周边的城市和山水环境

宋代的城市和山水环境

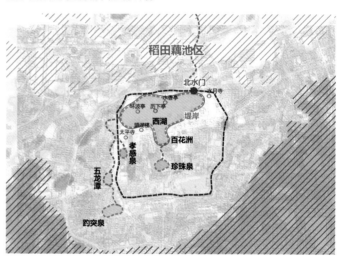

宋代古城周边的城市和山水环境

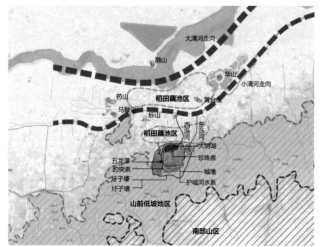

清代的城市和山水环境

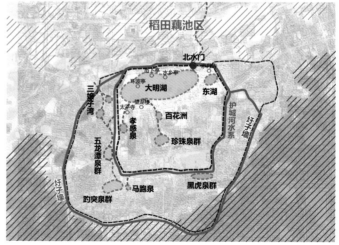

清代古城周边的城市和山水环境

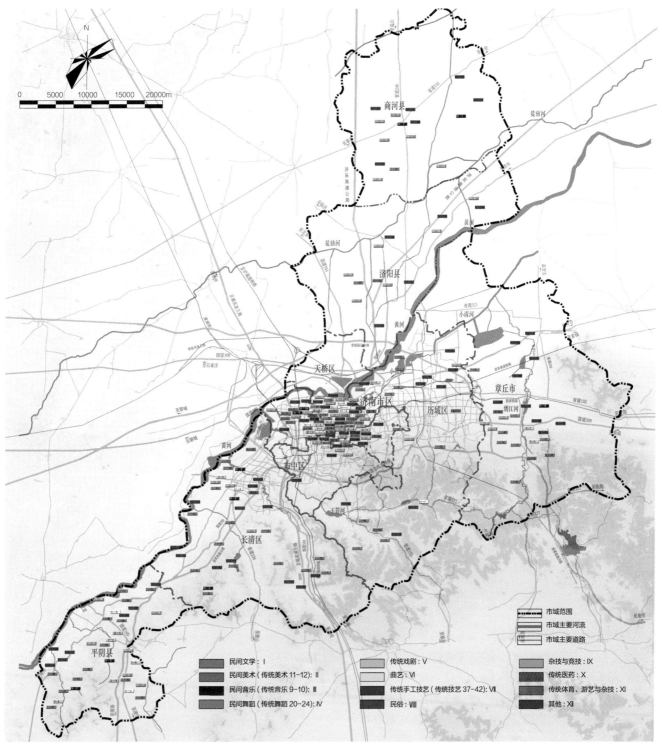

市域非物质文化遗产分布示意图

民间文学：I
民间美术（传统美术 11-12）：II
民间音乐（传统音乐 9-10）：III
民间舞蹈（传统舞蹈 20-24）：IV

传统戏剧：V
曲艺：VI
传统手工技艺（传统技艺 37-42）：VII
民俗：VIII

杂技与竞技：IX
传统医药：X
传统体育、游艺与杂技：XI
其他：XII

市域范围
市域主要河流
市域主要道路

历史城区建筑高度控制规划图

非控高区域

禁建区

原高度控制区

不超过12m

不超过20m

不超过25m

不超过30m

不超过35m

不超过40m

不超过45m

不超过50m

不超过60m

不超过70m

不超过80m

不超过100m

不超过120m

不超过130m

不超过140m

不超过150m

不超过200m

不超过250m

不超过300m

刚性、弹性结合的管控体系　结合济南城市历史景观遗产的价值及特征，以价值为导向，建立济南历史文化名城保护要素的动态增补体系，将符合泉域生态文明和泉城文化传承的当代要素予以逐步纳入。面向保护要素体系，对泉水生态安全、泉城格局、街巷体系、景观通廊高度、历史文化街区、文物保护单位和历史建筑保护等提出刚性管控要求。对历史城区功能的疏解与提质、街区环境与更新模式、文化遗产的活化利用等提出全面指导意见。对历史风貌管控、非物质文化遗产和传统文化的保护传承等提出弹性管控体系。

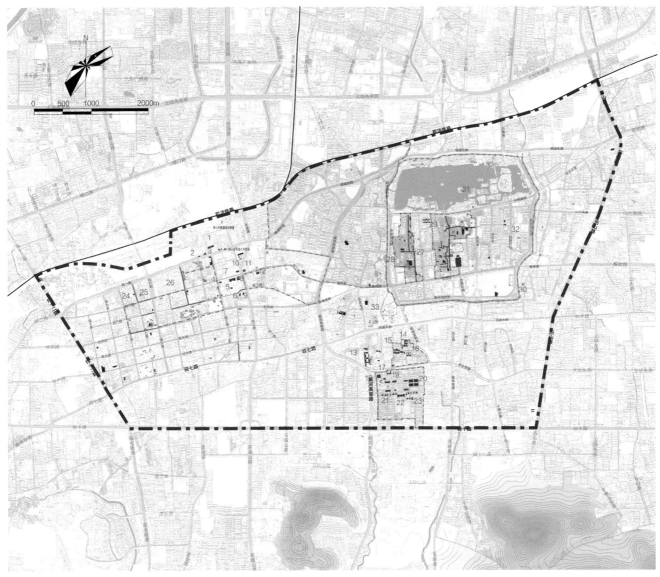

历史城区保护要素图

1-胶济铁路济南站　　　11-德华银行旧址　　　　　　21-教授别墅、教学二楼、齐鲁神学院　　31-历下亭　　　　　　　　
2-站长室　　　　　　　12-交通银行济南分行旧址　　22-教学八楼　　　　　　　　　　　　32-济南督城隍庙
3-车站邮局　　　　　　13-万字会旧址　　　　　　　23-图书馆、模范村居住区　　　　　　33-中共山东省委秘书处旧址
4-山东民生银行旧址　　14-健康楼、科研楼、解放楼　24-经二路阜城信西记
5-山东邮务管理局办公住宅楼　15-共和楼、求真楼、新兴楼　25-经二路阜城信东记
6-小广寒电影院旧址　　16-英国浸礼会礼拜堂　　　　26-宏济堂西记
7-山东邮务管理局及办公楼群旧址　17-圣保罗楼　　　　　　27-陈冕状元府
8-上海商业储蓄银行济南分行旧址　18-景蓝斋　　　　　　　28-将军庙天主教堂
9-德国诊所旧址　　　　19-教学一楼、柏根楼　　　　29-府学文庙
10-德国领事馆旧址　　　20-四百号院　　　　　　　　30-解放阁

	古树名木
	全国重点文物保护单位
	省级文物保护单位
	市级文物保护单位
	尚未核定公布为文物保护单位
	单位登记的不可移动文物
	地下文物保护区
	历史文化街区
	一类传统街巷
	二类传统街巷
	与历史格局相似的街巷
	商埠区一园十二坊风貌区

利益相关者联动共建　联动开展立法研究、城市设计以及风貌管控导则的编制，构建"立法-法定规划-城市设计-导则"四级规划传导机制，形成从立法保障直到实施最后一公里的全系列管控。提出成立济南历史文化名城保护委员会的组织构架设想，明确重点决策事项类型，构建"市决策-部门指导-区县实施"的管理闭环。

全系列管控传导机制

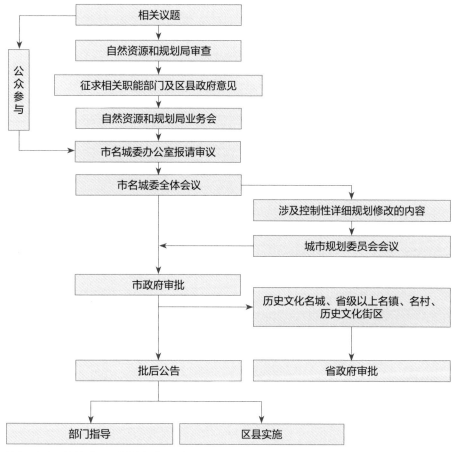

济南历史文化名城保护委员会的组织管理构架

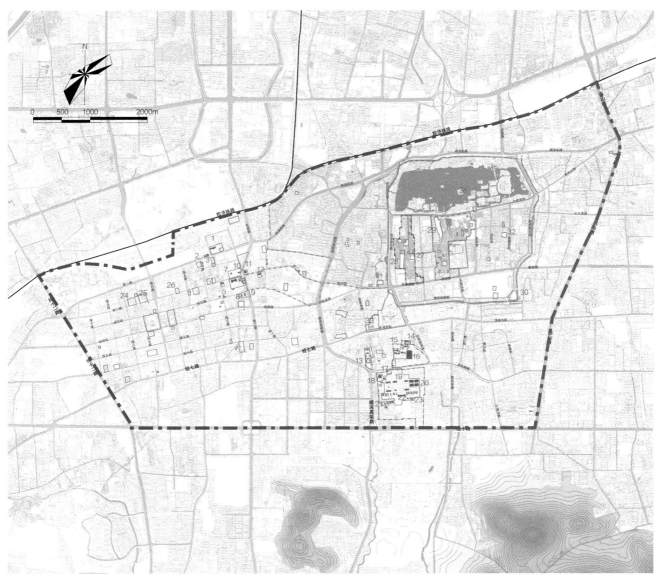

历史城区保护区规划总图

1-胶济铁路济南站
2-站长室
3-车站邮局
4-山东民生银行旧址
5-山东邮务管理局办公住宅楼
6-小广寒电影院旧址
7-山东邮务管理局办公楼群旧址
8-上海商业储蓄银行济南分行旧址
9-德国诊所旧址
10-德国领事馆旧址

11-德华银行旧址
12-交通银行济南分行旧址
13-万字会旧址
14-健康楼、科研楼、解放楼
15-共和楼、求真楼、新兴楼
16-英国浸礼会礼拜堂
17-圣保罗楼
18-景蓝斋
19-教学一楼、柏根楼
20-四百号院

21-教授别墅、教学二楼
22-齐鲁神学院
23-教学八楼
24-图书馆、模范村居住区
25-经二路阜城信西记
26-经二路阜城信东记
27-宏济堂西记
28-将军庙天主教堂
29-府学文庙
30-解放阁

31-历下亭
32-济南督城隍庙
33-中共山东省委秘书处旧址

全国重点文物保护单位
省级文物保护单位
市级文物保护单位
文物保护单位保护范围
文物保护单位建设控制地带
地下文物保护区范围
历史城区范围
芙蓉街-百花洲历史文化街区
将军庙历史文化街区
山东大学西校区（原齐鲁大学）历史文化街区
商埠区一园十二坊风貌区

济南"泉·城"文化景观价值认知与要素体系

总体思路 自2014年起,团队持续跟踪服务济南古城冷泉利用系统的申遗工作,该项目于2019年成功入选《中国世界文化遗产预备名单》。申遗研究方向从自然遗产转向文化景观,突破了单一的"名泉"思维,挖掘人与泉在长期互动过程中形成的文化景观特征与内涵,并提取其突出的普遍价值。通过跨学科、跨领域的研究,创造性地提出"聚落-冷泉"耦合的文化景观遗产价值体系。首次明确了地上地下自然与遗产联动保护的协同体系,即将历史城市保护视野从以往的以地上地下文物遗址及地上建构筑物为主,扩展到地下水自然环境及地上地下文物遗址和地上风貌景观联动的保护管控体系。

冷泉形成机制 申遗研究提出了济南冷泉系统的形成机制,即济南岩溶地下水系统规模巨大、分区明确、存蓄平衡的水循环特性的冷泉系统形成机理。此外,济南泉域内单斜自流汇集和岩体阻挡上涌的济南冷泉形成路径,受特殊地质地貌条件影响而形成的优良水质和恒定水温环境,这是泉城文化景观遗产形成的环境基础。

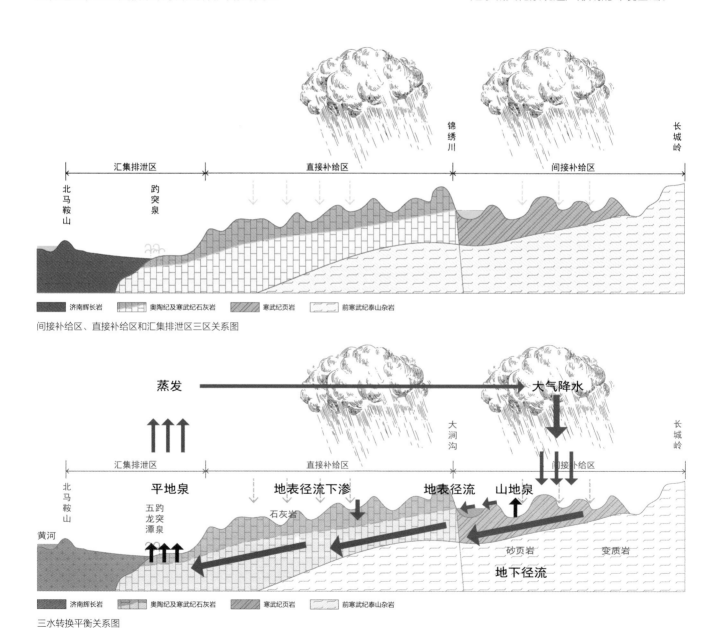

间接补给区、直接补给区和汇集排泄区三区关系图

三水转换平衡关系图

泉城文化景观　基于济南古城冷泉环境特点，提出了集防止水患、导流蓄水、调控功能为一体的古城水利运行机制，以及基于冷泉利用系统所衍生的古城营建机制，并升华为寄情泉水的文化审美与表达。研究系统揭示了"古城冷泉文化景观"所展示的中国独特人居环境营建智慧。

以泉域视角构建遗产体系　以泉群空间分布、喷涌量、稳定性和出露形态为基底，以人工水防水利和生产、生活建设为核心，以水信仰和空间伦理秩序为文化内涵的特色聚落模式。项目首次完整建立了基于冷泉系统的"城市-街区-建筑物-构筑物-景观"多尺度、"点-线-面"多形态、"10类-89处核心-3000余处关联"的"泉·城"遗产完整保护要素体系。

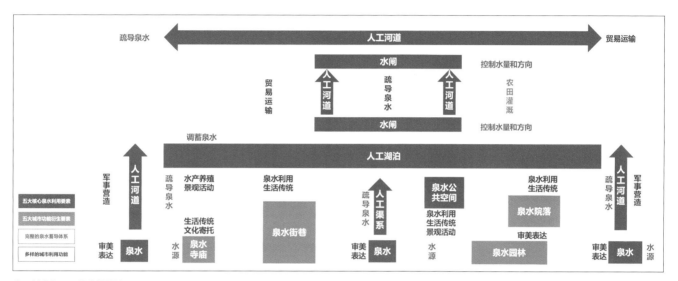

泉·城文化景观的价值链体系

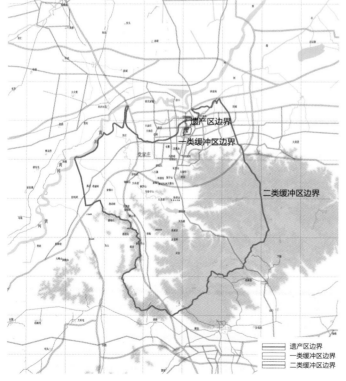

"泉·城"遗产保护区划图

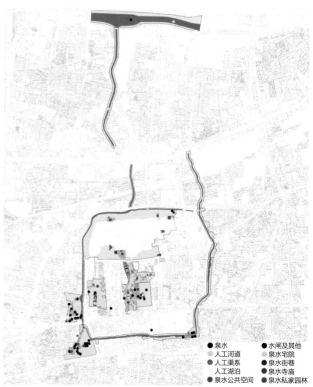

"泉·城"遗产保护要素分布图

落实历史文化街区保护规划

落实名城与遗产的核心价值内涵　济南历史文化名城中的芙蓉街-百花洲历史文化街区、将军庙历史文化街区共同构成了名城和申遗的核心区域,其编制的街区保护规划均于2018年获济南市政府批复。

历史文化街区是"城泉共生""多元宗教""中西文化交融""商贸交流"的核心载体。通过新的数字化采集技术,规划挖掘了两个历史文化街区中的文物保护单位45处、历史建筑（含建议历史建筑）84处、泉水相关遗存81处、传统街巷44条、传统风貌建筑2000多处,并将评估结果录入GIS信息采集平台。

院落肌理识别信息处理平台页面展示

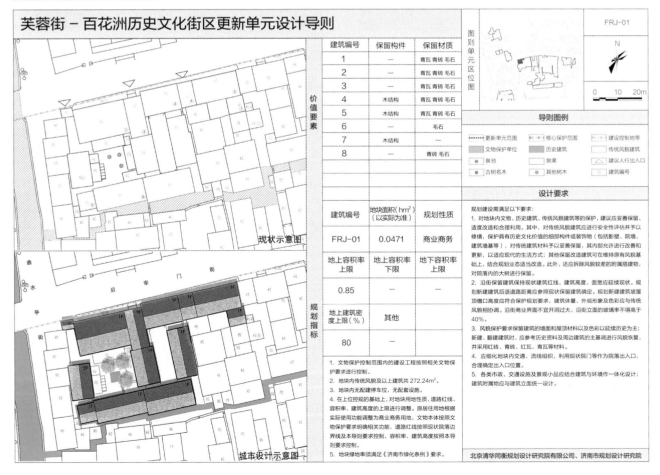

结合数字技术，细化保护体系 结合遗产要素信息数字化采集技术，以及手机移动端与网页端并联平台，通过移动端对街区、院落建筑、构筑物、景观等微观信息进行精细化采集，并在网页端与遥感、航测、摄影测量、三维激光扫描等多源异构数据集成，将保护要素细化到屋顶、墙体、门窗和细部装饰中去，建立样式库，提出做法、材料和工艺要求。

划定保护区划，明确底线管控 街区保护规划在划定核心保护范围和建设控制地带的基础上，进一步划定街区两级管控单元，制定精细管控导则，完成街区内1000余个院落的建档和图则制定。

△ 百花洲街景 ▽ 曲水亭街景

引导实施　将保护规划的管控要求与实施工程相衔接，陆续指导济南实施了百花洲片区提升、解放阁片区更新等，并在此基础上陆续展开商埠区融汇、老商埠扩建、济南宾馆保护更新工程等。更新后的解放阁片区恢复为宽厚所街街区，这也是济南古城内最后一片整体更新的历史街区，它通过资源整合、特色重塑而成功解决了文化保护传承与开发建设之间的矛盾，并获得政府和社会各界的普遍认可。

百花洲景观提升

曲水亭街景观提升

大明湖扩建

百花洲景观提升

承德历史文化名城保护规划

承德，河北　2013—2020 年

avoid
避暑山庄、外八庙是文化景观类世界遗产。项目首次为承德构建了名城、街区、历史建筑三级规划体系，推动了地方保护条例的出台，为历史文化名城保护提供了制度保障。同时，项目通过科学的高度控制与风貌色彩引导，协调了遗产保护与城市发展，提出了世界文化遗产传承发展管理以及差异化人居环境提升策略，并实现历史文化保护与现代城市发展的和谐统一。

项目地点：河北省承德市
设计时间：2013—2020年
规划面积：39520km^2
设计单位：北京清华同衡规划设计研究院有限公司
　　　　　　承德市规划设计研究院
业主单位：承德市自然资源和规划局
摄　　影：项目组

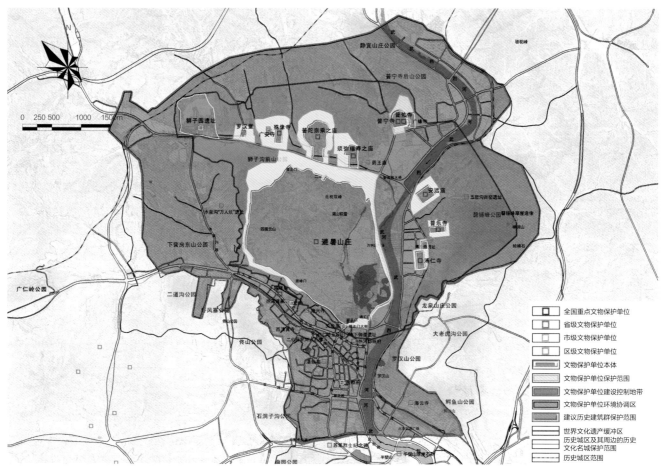

历史城区文物保护区划图

图例：
全国重点文物保护单位
省级文物保护单位
市级文物保护单位
区级文物保护单位
文物保护单位本体
文物保护单位保护范围
文物保护单位建设控制地带
文物保护单位环境协调区
建议历史建筑群保护范围
世界文化遗产缓冲区
历史城区及其周边的历史
文化名城保护范围
历史城区范围

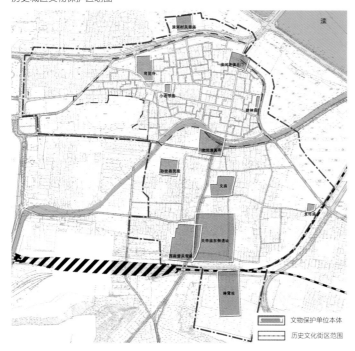

文物保护单位本体
历史文化街区范围

滦河老街历史文化街区文物保护区划图

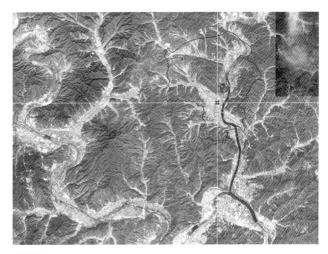

区位图

项目概况

历史价值　承德避暑山庄、外八庙及其山水环境是一个整体,是中国古代山水文化的集大成者,也是世界文化景观遗产的代表。承德市于1982年被批准为首批国家历史文化名城。承德避暑山庄外八庙兼具世界文化遗产、全国重点文物保护单位、国家级风景名胜区三重身份,其价值极高,管控要求十分严格。

面临问题　作为山地城市,承德的城市建设多年来面临建设用地紧张、开发强度过高的系统性问题。在快速城市发展中,避暑山庄与外八庙之间的空间联系逐步受到威胁,历史城区内的传统风貌被蚕食。一是避暑山庄的保护缺乏一套行之有效的风貌控制体系,用以引导城市各类建设活动;二是保护与发展的矛盾突出,尤其是历史文化街区内的人居环境质量和民生保障能力亟须提升;三是规划实施保障政策体系尚不完善,特别是针对历史建筑和传统风貌建筑的保护等尚未出台相应的法规及技术引导措施。

项目成果　第一,首次建立了名城、街区、历史建筑三级规划体系,推动了承德市历史文化名城保护条例的出台,为名城保护提供了规划引领和法规保障;第二,保护规划确立了城市更新发展的底线,强化了在城乡规划建设活动中对"历史文化保护"的约束;第三,在保护规划指导下,承德持续推动老城区疏解,同时开展"避暑山庄、老城"一体化风貌协调、多类型保护要素的保护利用等相关示范工程。截至2017年底,承德市委市政府和部分市直部门共52家单位和24家市直机关和企事业单位从老城区迁出,并陆续完成避暑山庄、外八庙周边5个城郊村、6000多户共计1.85万人的疏解工作。

在名城保护规划的指导下,承德市推进了以避暑山庄为核心的老城重要地块整治提升示范工程,陆续开展了狮子沟、山庄外庙周边、山庄两宫门前等地块的环境提升工作。政府组织编制了系列整治规划,并完成山庄两宫门前的环境提升和规划实施,以及历史文化街区环境整治和基础设施改造、历史文化街区和历史建筑挂牌建档、承德剧场等7处历史建筑修缮等,使承德历史文化名城整体环境进一步提升。

全面拓展名城保护框架和要素体系

价值特色是名城的灵魂，能否对其形成共识是名城高水平保护和发展的关键。承德历史名城的核心价值体现在政治军事和宗教、古典园林艺术、城市发展特征、自然地貌遗产以及长城和民族融合五个方面。

以价值的共识为基础，规划全面拓展和完善了保护框架及要素体系的时空维度。在空间上，由山庄外庙拓展至整个历史城区、市域；在时间上，从清代繁盛期扩展至今；在类型上，拓展了文化线路、历史建筑群、山体水体、历史环境要素以及非物质文化遗产等。

通过多种形式的价值评估，政府主管部门、地方专家、社会团体、公众等各利益相关方对历史名城保护的必要性、重要性以及保护要素的体系性等达成了高度共识，并为后续规划编制和实施奠定了坚实基础。

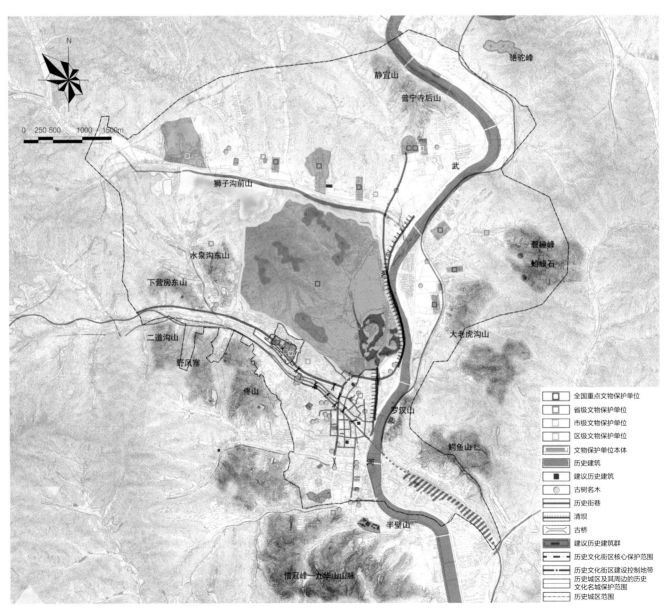

历史城区保护要素图

武烈河沿岸的城市山水格局整体保护

以普陀宗乘庙为代表的宗教文化空间营建

避暑山庄园林景观

避暑山庄东宫墙外的绿地环境营造

提出科学的风貌控制体系和城市建设引导措施

本规划在文物和世界文化遗产保护区划的基础上，综合考虑历史山水环境等因素，划定历史城区范围，在遗产本体保护的基础上，重点从城市建设高度控制、风貌引导两方面协调遗产保护与城市发展。

第一，在高度控制方面，规划将抽象的价值特色分解为具体的管控目标。例如，将山水城市价值特色细化为山庄、外八庙、城及周边环境之间的历史景观特色，进一步明确视点、被观看对象、视廊或视域，以及对应的可视目标。引入新技术，通过Citymaker城市三维模拟技术，模拟各视廊、视域覆盖面及其与地面高程的相对关系。通过与地块边界及全城模型的交叉运算，结合剖面校核，明确各视廊、视域范围内地块的控制高度及需要降层处理的建筑单体，使之具有科学性和实操性。

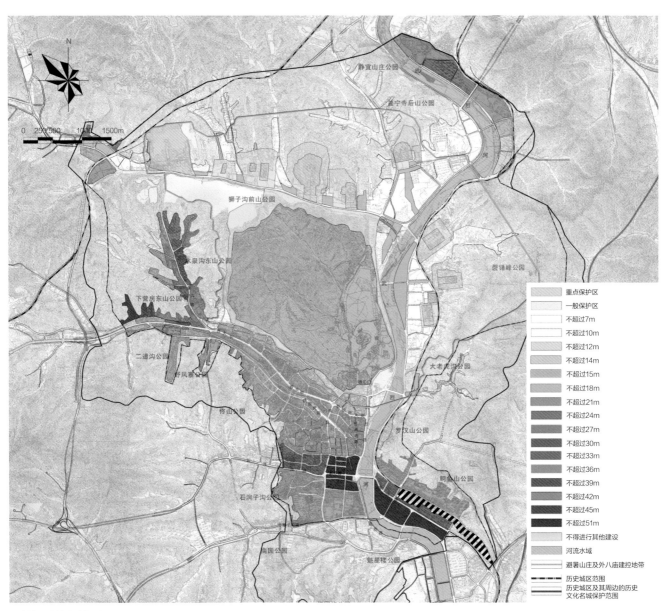

重点保护区
一般保护区
不超过7m
不超过10m
不超过12m
不超过14m
不超过15m
不超过18m
不超过21m
不超过24m
不超过27m
不超过30m
不超过33m
不超过36m
不超过39m
不超过42m
不超过45m
不超过51m
不得进行其他建设
河流水域
避暑山庄及外八庙建控地带
历史城区范围
历史城区及其周边的历史文化名城保护范围

历史城区建筑高度控制图

第二，在风貌和色彩引导方面，规划以保持世界文化遗产真实性、环境完整性为目标，以现状中被破坏的风貌和色彩关系为抓手，构建二级风貌引导分区，并提出不同的风貌、色彩管控分区及操作性强的管控措施。

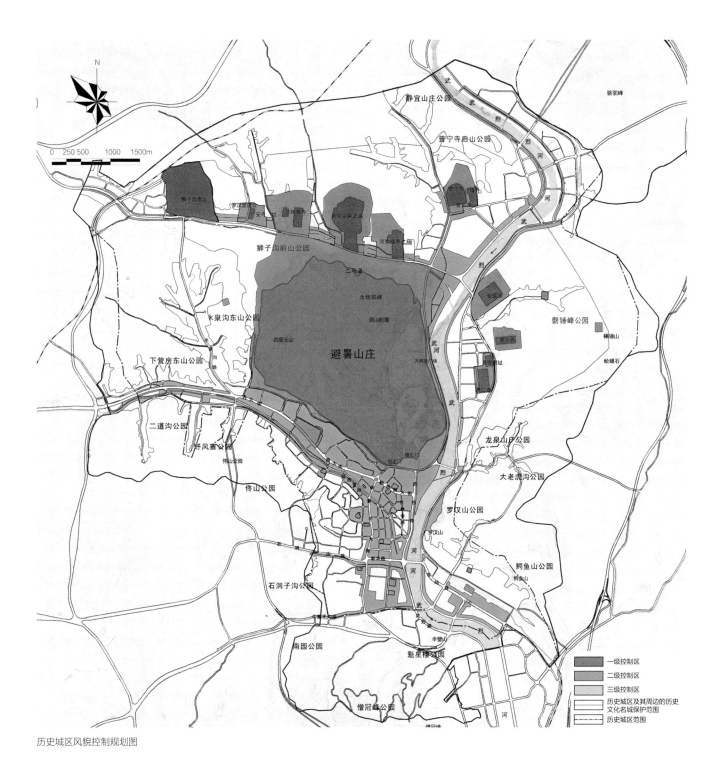

历史城区风貌控制规划图

提出街区、历史城区人居环境差异化提升策略

承德的三处历史文化街区，仅二道牌楼位于历史城区内，其他二处均位于远郊区县。历史城区属于相对成熟的城市建成区，而远郊区县目前在民生、基础设施、业态活力等方面仍存在较大差距。

在历史城区层面，规划重点从交通改善、公共空间和文化探访路径、老旧小区（包括旧厂房、旧商业区）更新三个方面提出针对性的

策略。在交通方面，提出了控制穿越交通、内部路网加密以及公共交通升级三项措施。在公共空间和探访路径方面，提出了三类特色空间和四条城市探访路径。在城市更新方面，构建了历史城区内三类14个更新项目库。

特色公共空间分布图

50

提出世界文化遗产传承发展管理策略

在历史文化街区层面，规划基于三个历史文化街区的区位和现状条件，针对性地提出改善策略。对二道牌楼历史文化街区提出延续山庄外庙历史环境，通过城隍庙、文庙历史空间的改造和市政基础设施的提升，塑造城市会客厅。滦河老街提出要彰显承德传统民居特色，通过北门、十字大街、旱河的环境提升以及十字大街的业态升级，复兴老街早期商贸中心地位。对寿王坟历史文化街区提出以工矿文化为主，通过文物历史建筑本体的修缮和铜矿展示、写生和影视拍摄基地的建设，形成工矿主题的文创展示聚集地。

规划明确提出承德名城管理的三大核心目标。一是巩固世界文化遗产的重要性；二是严守承德历史文化名城的底线；三是彰显承德历史文化名城特色。基于以上三大目标和世界文化遗产、名城价值，规划通过对价值核心载体的梳理和对现状的摸底，总结归纳了现状管理的问题及其缘由，综合提出名城管理的四方面优化建议。一是名城管理责权细化到部门，树立责权清单，理顺各保护要素的具体保护事项；二是强化名城委的议事机制，增加各部门之间的沟通联系；三是构建名城核心保护要素的技术标准及专项政策；四是扩大资金来源，明确使用方向和使用细则。

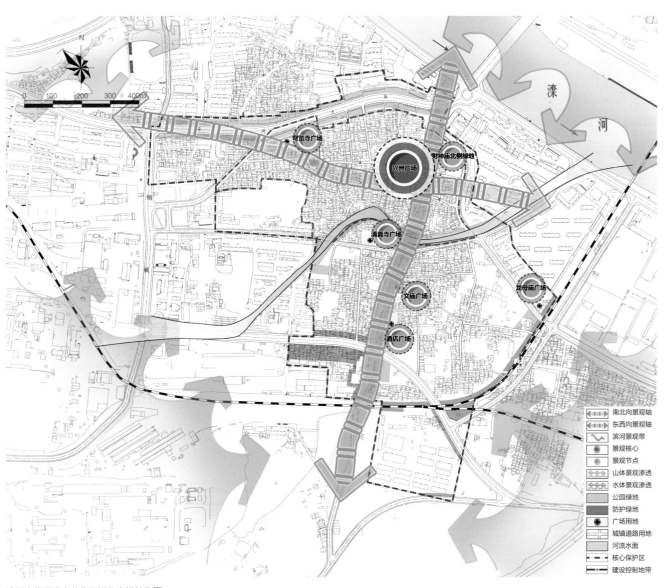

滦河老街历史文化街区活化空间结构图

长春历史文化名城
保护规划

长春，吉林　2014 年至今

　　长春在中国近代史上占有重要地位。该项目采用"长期陪伴式"工作模式，全面科学评估长春历史文化价值，构建以"两区、三轴、五片"为核心的近现代城市特色保护体系，推动长春成功申报国家及历史文化名城，也全面促进了城市的历史保护工作。

项目地点：吉林省长春市
设计时间：2014年至今
规划面积：24740km²
设计单位：北京清华同衡规划设计研究院有限公司
　　　　　　长春市城乡规划设计研究院
业主单位：长春市规划和自然资源局
摄　　影：杨显国

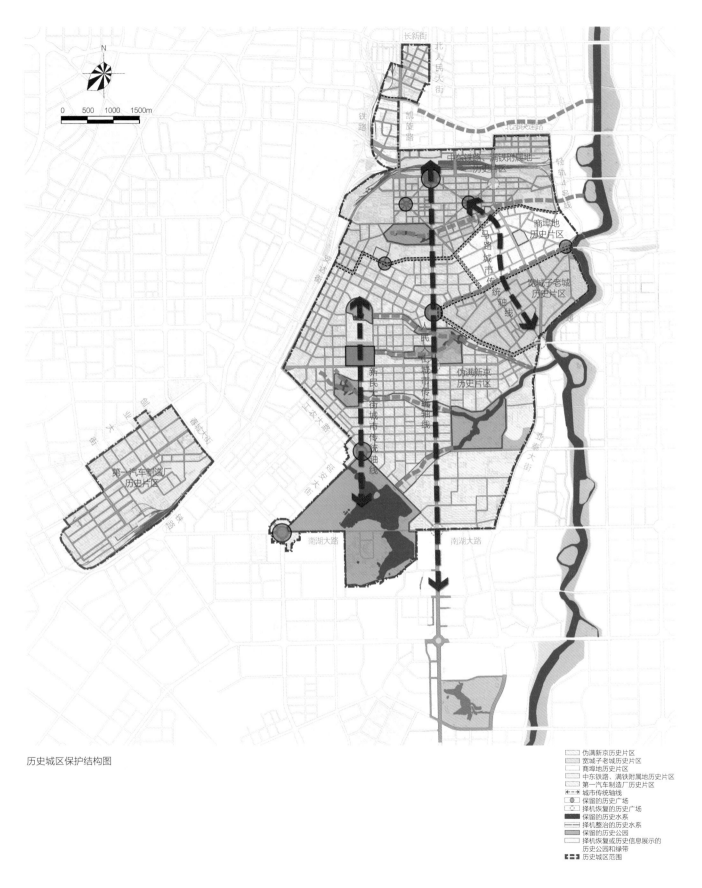

历史城区保护结构图

伪满新京历史片区
宽城子老城历史片区
商埠地历史片区
中东铁路、满铁附属地历史片区
第一汽车制造厂历史片区
城市传统轴线
保留的历史广场
择机恢复的历史广场
保留的历史水系
择机整治的历史水系
保留的历史公园
择机恢复或历史信息展示的
历史公园和绿带
历史城区范围

第一汽车制造厂历史片区

项目概况

历史价值　长春是东北地区中心城市之一，拥有2000多年的人居历史。汉唐时期历经少数民族政权更迭，宋辽金时成为东北地区军事重镇。清嘉庆五年（1800年）设长春厅，始建置。19世纪末成为日俄争夺战略要地，后沦陷为伪满洲国都，改名"新京"。中华人民共和国成立后，长春作为东北重要的工业城市，取得了长足的发展和成就。长春各类历史遗存丰富，城市空间特色突出，非遗及文化资源多样，于2017年被公布为国家历史文化名城。长春不仅是我国近现代城市规划实践的重要实证，还展现了独特的城市设计艺术，更是新中国工业文明的见证，具有重要的历史文化价值。

面临问题　早在20世纪90年代，长春市人民政府就积极探索在城市规划建设管理中融入历史文化保护的方法。但是，受制于对历史文化价值认知和保护的局限性，长春在近现代城市风貌特色保护等方面仍处于探索阶段。

项目成果　2014年我们团队与长春市城乡规划设计研究院合作，先后编制了《长春历史文化名城保护规划》《长春市申报国家历史文化名城申报文件》等技术工作成果，并历时多年持续服务长春名城申报与保护工作。通过价值特色引导、多时期特征保护以及陪伴咨询等方式，实现了长春名城保护内容、保护方式、保护理念的全面提升与转变。

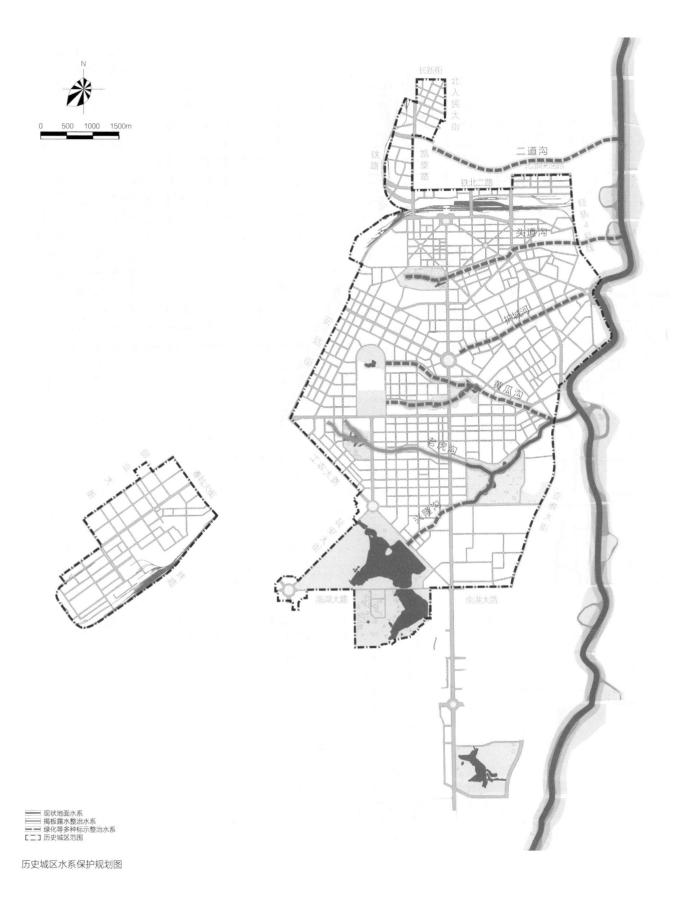

长新街
北人民大街
二道沟
铁路
凯旋路
北部快速路
铁北二路
头道沟
轻轨4号线
抚城河
黄瓜沟
老虎沟
工农大路
兴隆沟
自由大街
青年大街
解放大路
南湖大路
南湖大路
亚泰大街

现状地面水系
揭板露水整治水系
绿化等多种标示整治水系
历史城区范围

历史城区水系保护规划图

N
0 500 1000 1500m

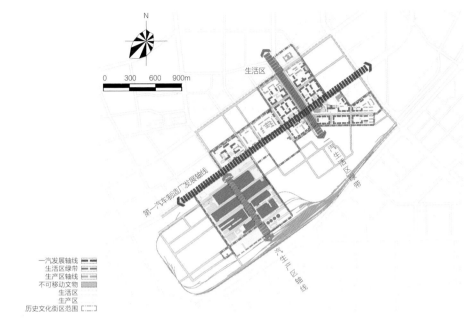

一汽发展轴线
生活区绿带
生产区轴线
不可移动文物
生活区
生产区
历史文化街区范围

第一汽车制造厂历史片区

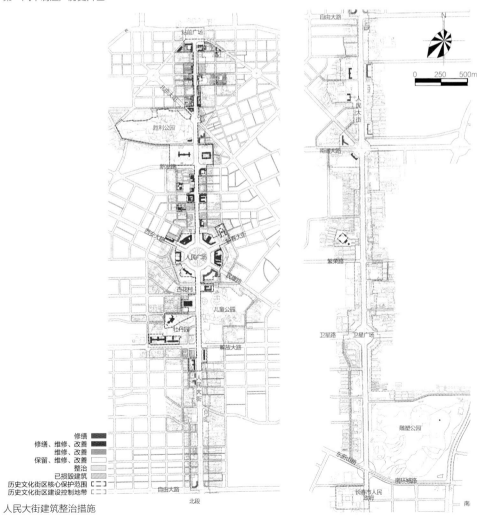

修缮
修缮、维修、改善
维修、改善
保留、维修、改善
整治
已损毁建筑
历史文化街区核心保护范围
历史文化街区建设控制地带

人民大街建筑整治措施

△ 第一汽车制造厂历史片区　▽ 人民广场及周边建筑

全面科学审慎开展价值特色评估

规划顺应时代发展趋势，从科学、艺术、历史等角度对长春历史文化名城价值开展科学评估。规划系统梳理了长春历史文化遗存资源，重点挖掘其代表性保护对象的价值，彰显长春"是我国近现代城市规划科学理念与全面实践的重要完整实证""具有气势恢宏的近现代城市空间艺术特征，在我国独树一帜"，以及长春"是新中国重要标志性工业文明的时代见证"等近现代历史价值，并围绕这些主题在全域构建城乡历史文化保护传承体系。

整体保护历史城区的近现代格局特征

基于长春在近现代城市规划与实践方面的突出价值，本规划构建了有针对性的历史城区保护规划管控体系，凸显了近现代长春城市文化特色，提出了"两区、三轴、五片"的近现代城市特色保护体系，并确立以轴线、广场、道路等构成近现代城市空间保护重点。在规划实施方面，提出"整体协调、重点控制、局部塑造"的管控要求，强调保护与延续近现代历史城市风貌的格局特征。

规划突出了长春在中华人民共和国成立后具有独特的工业价值，并提出多元化街区分类保护、多方协同的建议，从而推动街区保护与整治模式步入正轨。

景德镇老城系列规划

景德镇，江西　2012 年至今

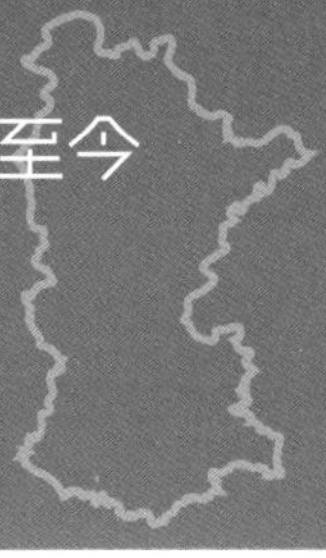

从景德镇陶瓷工业遗产保护与城市再生的整体出发，将学术研究与工程实践相结合，提出多尺度衔接、动态实施的城市保护更新工作框架以及DIBO方法，形成以陶溪川与陶阳里为亮点的、基于场景营造的多维度综合更新设计，将丰富的历史记忆融入当代，引领城市复兴的新路径。

项目地点：江西省景德镇市
设计时间：2012年至今
规划面积：24km²
设计单位：北京清华同衡规划设计研究院有限公司
　　　　　　北京华清安地建筑设计有限公司
　　　　　　北京水木青文化传播有限公司
业主单位：景德镇自然资源和规划局
　　　　　　景德镇陶文旅控股集团有限公司
摄　　影：姚力　曹百强　田方方　周之毅　UCN　项目组

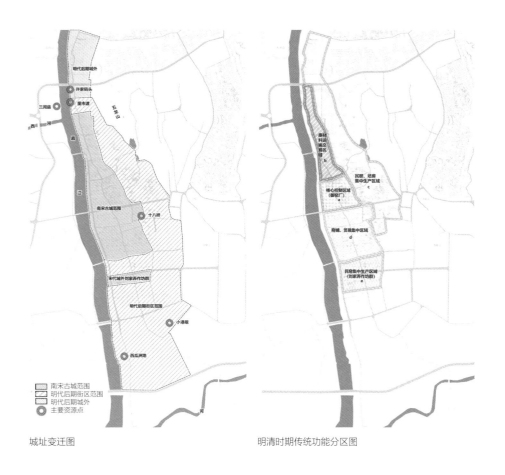

城址变迁图

明清时期传统功能分区图

项目概况

　　景德镇是千年瓷都，有着丰富的制瓷历史。从官窑到民窑，其传统手工制瓷技艺历经岁月洗礼。自五代至明清，景德镇逐渐形成了独特的城市格局，并集原料运输、坯房、窑工民居和商铺贸易于一体。中华人民共和国成立后，特别是十大瓷厂等国营工厂的建立，使得景德镇成为了全国瓷业中心。这一时期由于住宅和城市基础设施建设欠账多，城市变得十分拥挤，环境也逐渐劣化。随着1990年代国企改革的推进，这些瓷厂纷纷破产，同时，大规模的住宅改造对老城肌理产生了巨大冲击，使得传统瓷业遗存荒废。与此同时，中国改革开放后逐渐聚集的数万"景漂"创业维艰。面对这些问题，2012年，我们团队受邀为景德镇老城区做了一系列规划，确立了以遗产保护为引领、以文化利用为抓手、以振兴城市为目标的总体原则。在此基础上，景德镇与我们清华团队合作，采用DIBO方法，探索"文绿融合"的城市更新理论和实践。如今，景德镇正逐步焕发新的活力，成为传统与现代交融的文化名城。

观光小火车车站

凤凰山

中心广场

禹疏山

皖赣铁路

老鸭滩

南溪川

陶瓷学院

	一级活力空间
	二级活力空间
	历史城区
	普遍空间
	一级开放空间
	二级开放空间
	水体
	规划范围

特色空间结构图

景德镇老城整体规划与设计

构建特色空间体系 价值特色是景德镇市的核心竞争力。通过近一年时间的研究调查，团队凝练出景德镇"山水相依成势""陶冶延绵相因""街坊纵横成趣""产业承古塑今"等四个价值特色。规划梳理了景德镇空间格局要素，把昌江、南河、凤凰山、五龙山、马鞍山等山水空间和古矿、古窑坊、老城街巷等古代遗址，以及众多的近现代工业地块、工业厂房以及对非物质文化遗产等的保护利用与城市功能、城市交通有机地组织起来，最终形成"一轴、三带、三区、五片"的特色空间结构。同时，团队评估了河东旧城区所有建筑的风貌、质量与年代，甄别了土地的权属与使用状况，将城市特色空间结构转变为面向实施的特色空间规划，以此重塑景德镇的城市结构和形态。这一规划成为景德镇城市更新与保护利用的"作战图"。在特色空间规划的指引下，我们团队进一步编制了景德镇6个历史文化街区的保护规划，让后续的实施有据可查、有法可依。

山水关系图

修缮后的陶阳里徐家窑

文物保护单位 ■
历史建筑 ■
传统风貌建筑 ▨
与传统风貌协调建筑 ▢
近现代优秀工业建筑 ■
与传统风貌不协调建筑 ▨
规划范围 –··–

建筑风貌现状评价图

1~2层 ▢
3~4层 ▨
5~12层 ▨
13~18层 ■
18层以上 ■
规划范围 –··–

建筑高度现状评价图

选择城市更新的"触媒点" 特色空间规划是景德镇城市更新的亮点。在特色空间结构中，各类要素的富庶区是潜在的发光点。我们团队建立了相关的评估指标体系，主要包括遗产资源的富庶程度、片区管控条件和用地及区位条件、地段征收和空间改造难度等，并以此为依据进行资产增幅匡算和初步的现金流分析，使得先期可实施的项目从经济意义上具有带动性和可持续性。例如，老城北片区（今陶阳里）位于老城核心地带，拥有御窑厂与建国瓷厂等优秀的遗产资源，它以明清文化、大师经典为核心资源；而东部工业遗产聚集区（今陶溪川）则以休闲娱乐、创意文化为核心业态。

景德镇潜力街区发展类型的初次与二次筛选表

			基本指标			指向性指标		
			遗产资源价值	用地条件与整合度	IRR反算	总体评价	休闲-创意取向	历史文化特色
1	东市区	御窑厂及周边片区（今陶阳里）	优秀	优秀	13	1	综合	明清文化、大师经典、龙珠佳品
2		刘家弄-"三红一光"片区（今落马桥）	优秀	良好	11	1	综合	宋元文化、大师经典、昌江名作
3	老城区	艺术瓷厂-樊家井片区	优秀	优秀	—	2	综合	红色文化、时尚潮流、山居归隐
4		宇宙-为民片区	优秀	优秀	16	1	综合	红色文化、时尚潮流、陶溪悠然
5		老南河生产聚落片区	良好	优秀	—	3	综合	明清文化、时尚潮流、南河名品
6		陶瓷产学研片区	良好	优秀	7	3	综合	红色文化、学院典藏
7		雕塑-景陶片区	优秀	优秀	9	2	综合	红色文化、学院典藏
8		湖田-三宝片区	优秀	优秀	8	2	综合	宋元文化、先锋创意、南河名品
9	河西区域	陶瓷城商贸街区	一般	良好	7	4	休闲	商贸旅游
10		景德镇陶瓷工业园	一般	优秀	—	5	创意	工业创意
11		景德镇高新区	一般	优秀	—	4	综合	工业创意
12		景德镇古窑遗址公园	一般	一般	—	5	休闲	—

城市更新"触媒点"区位及范围图

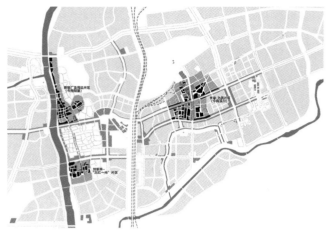

三个重点片区在景德镇的区位和范围图

以重点片区激活城市更新 在社会效益和经济效益这两个维度的评估下，项目整体部署形成了3个重点启动区：东部工业遗产集聚区（宇宙-为民片区），即今陶溪川片区；老城北文化遗产集聚区，即今陶阳里片区；老城南落马桥-"三红一光"瓷厂片区。其中，陶溪川片区继承和保护了景德镇陶瓷业的历史文化，对工厂有价值的工艺要素遗存进行了保留，并以此为锚点构建新的城市节点与公共空间及业态布局，将其打造成以陶瓷文化为主题、以工业遗产为特色，并与世界接轨的文化艺术创意交流平台。陶阳里片区则是完整保护历史格局，传承厚重的陶瓷文化，同时注入新的内容，并逐步活化片区，开创了城市更新的新途径。落马桥片区将元代至今的各类瓷业遗存予以整合更新，聚焦当地陶瓷艺术大师群体，带动陶瓷文化体验业态，使之成为景德镇瓷业发展的缩影与活标本。

更新后的宇宙瓷厂片区老厂房

陶溪川更新前景象

陶溪川更新后的周末市集

场景与内容同步实施 整个项目将过去单一的设计路径变为全流程的实施路径，使其内容和场景相互交叉，并在不同阶段起到不同的作用。全过程实施作为项目的"龙头"，其规划、设计、运营等各专业围绕"龙头"各司其职并发挥作用。创新运营工作从项目立项和策划开始，在陶溪川片区首先实践。其流程主要包括3个阶段——前期（立项到规划设计完成）；开业筹备期（工程设计开展到建成）；常态化运营期（建成开业后）。我们年轻的运营团队进行了长期艰苦的尝试和努力，最终摸索并形成了设计管理、遗产工程管理、企划（含文创）、社群共创、宣推与活动、线上、商管、物业、产业引导、社区生活引导等共10个方面的运营实践。

运营工作职能表

职能部门	职能	属性
品牌企划	项目定位、品牌培育、产品定位、业态定位	统筹
运营宣传	活动落地运营、在地品牌活动孵化	线下
设计管理	在地衔接业主方与设计方的工作流程、工作关系，以及管理业主方的核心项目进度	线下
工程管理	建筑工程、通信工程、市政工程以及物业协调等	线下
招商管理	核心商家落位、品牌活动引入	线下
线上电商	线上网站、电商平台、MCN 推广渠道	线上
智能化建设	园区智能化、单体建筑智能化、总控中心	线上
物业管理	安防、保洁等	外包

第一步：城市设计
⇩
第二步：修建性详细规划
⇩
第三步：建筑设计、景观设计
⇩
第四步：盯工地
⇩
第五步：招商运营

⟹

第一步：城市设计 + 运营咨询
⇩
第二步：产业预招商 + 主力店预招商
⇩
第三步：修规、投资合作确定
⇩
第四步：产业和主力店招商签约、宣传推广
⇩
第五步：建筑设计、景观设计、运营进场
⇩
第六步：盯工地、招商与落地策划
⇩
第七步：工管、开业筹备期地面推广
⇩
第八步：开业期地推

运营工作流程图示

陶溪川周末市集

陶溪川音乐节

更新后的宇宙瓷厂片区

陶溪川片区总平面图

陶溪川片区

　　陶溪川片区包括宇宙瓷厂、为民瓷厂、陶瓷机械厂（以下简称为"陶机厂"）、万能达瓷厂、国家储备粮库、火车东站等，几乎包括了整个景德镇东部城市地区。依托66处工业遗存，并谋划景德镇城市的副中心，这是陶溪川片区最初的构思。其后陶溪川片区的各项规划设计以及陶溪川园区的建成运营等都与此构想密不可分。我们的运营咨询、规划设计、建筑设计、照明设计等团队对宇宙瓷厂、陶机厂和万能达瓷厂三个厂区进行了细致的落地更新，让老瓷厂涅槃重生而成为陶溪川。经过数年的精心培育，陶溪川业已成为景德镇的文化新地标和城市新名片。同时，它也是我国工业遗产成功转型以及促进产业发展升级的样本，更是国际陶瓷艺术的重要中心，并荣获文化部首批十个国家级文化产业示范园区创建资格暨联合国教科文组织（UNESCO）亚太遗产奖创新奖等荣誉。

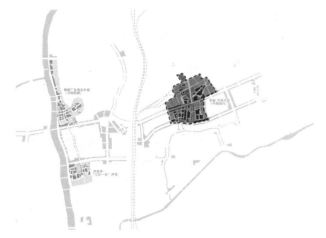

陶溪川片区区位图

2008 年前后陶溪川片区周边的城市肌理

宇宙瓷厂　宇宙瓷厂在设计过程中被命名为"陶溪川"，它是景德镇陶溪川文化创意园的一期工程。宇宙瓷厂占地11hm²，前身是景德镇"十大瓷厂"之一，拥有深厚的历史和文化底蕴。然而，在2013年规划设计启动之时，这片区域与城市街道的关系并不和谐，它被多层住宅和围墙所阻隔，仅通过南北两侧的大门与主干道联系。宇宙瓷厂从1958年成立到1996年改制，它与其他瓷厂遵循着"企业办社会"的模式，生产与生活紧密相连。但是，自1990年代末开始，其社区结构逐渐瓦解，厂房转为私人用途，生活设施关闭，老旧工人住宅失修，使得这一区域与现代城市渐行渐远。因此，如何缝合这种割裂、打造新的社区并创造融合的空间，成为规划设计的头等任务。作为景德镇践行DIBO城市更新方式的第一个完整实践，宇宙瓷厂的规划设计遵循"尊重现状、关注问题、面向未来"的思路，通过保护与绿色循环实现文化的传承，形成应对复杂环境、面向全生命周期的规划设计方案，并从设计层面引导正确的投资价值观和可行的运营方案。

陶溪川经历了从工厂到文化创意社区的华丽转身。其中，宇宙瓷厂片区保留厂房建筑20栋，共4.13万m²。规划设计重塑了社区生活体系，为"景漂"等艺术家群体创造了舒适的生产与生活空间。在空间设计上，陶溪川追求目标与产品的统一，注重界面设计的整体有序与重点变化，同时严格控制空间尺度，以营造宜人的环境。这些举措不仅满足了艺术家的需求，更为景德镇注入了新的活力，使陶溪川成为创意社群的理想之地。

陶溪川设计在保留建筑原真风貌的同时，更注重绿色循环，尽可能利用原有材料和可回收材料。在结构替换与保护中，尊重原始结构，并加固需要满足承载力要求的部分。而对不满足要求的结构则采用新材料和新工艺进行可逆性替换。外立面的保护与更新主要通过保留红砖和镂空花砖，以及聘请老工人按原工艺砌筑，从而实现传统与现代的和谐统一。在设备保护与再利用方面，将历史窑炉作为组织空间和展陈流线的核心，同时结合休闲空间，从而实现内部封闭空间与外部交流空间的转化。整个设计体现了我们对历史文化的尊重与传承，同时注入了新的功能和活力。

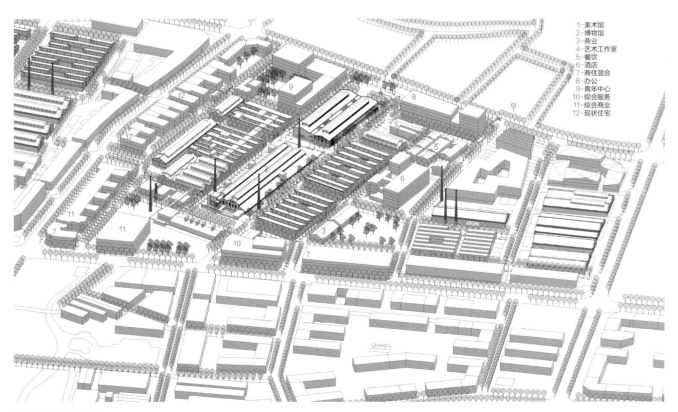

1-美术馆
2-博物馆
3-商业
4-艺术工作室
5-餐饮
6-酒店
7-商住混合
8-办公
9-青年中心
10-综合服务
11-综合商业
12-现状住宅

宇宙瓷厂改造轴测图

更新后的宇宙瓷厂片区

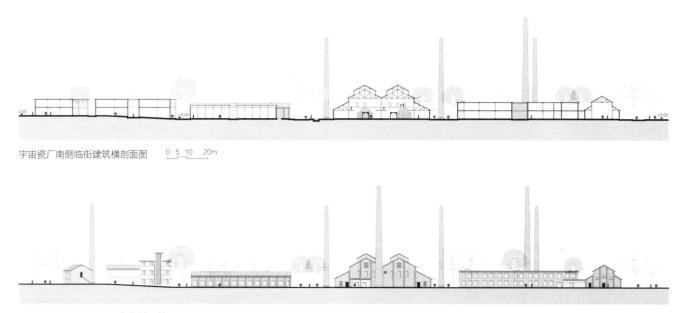

宇宙瓷厂南侧临街建筑横剖面图　　0　5　10　　20m

宇宙瓷厂南侧立面图　　0　5　10　　20m

更新后的宇宙瓷厂片区建筑立面

更新后的宇宙瓷厂陶瓷博物馆立面

陶瓷机械厂 陶瓷机械厂原为景德镇陶瓷工业体系中专门生产陶瓷机械的工厂，它是陶溪川文化创意园的二期工程。场地东接陶溪川启动区——宇宙瓷厂片区，西临童宾路，北至珠山大道，南抵新厂路，总规划用地面积6.38hm²，建筑改造更新后地上建筑面积8.52万m²，地下建筑面积6.1万m²，与宇宙瓷厂片区共同构成陶溪川的核心地带，这对丰富和拓展陶溪川功能业态、完善城市空间结构具有明显的区位优势。陶机厂片区保留7栋建筑，共3.63万m²，占整体地上规划面积40%以上。片区内还有烟囱等构筑物（4个老烟囱保存完好），与厂房一起完整反映了原有的工艺流程，它也成为陶溪川工业景观重要的组成部分。陶溪川宇宙瓷厂片区聚集了陶瓷艺术产业，形成多元化功能。为进一步拓展景德镇陶瓷艺术的多元化，陶机厂片区聚焦玻璃艺术，并作为陶瓷艺术的补充。

陶机厂片区城市设计旨在延续工业风貌并注入新活力。其南北主路连接城市，两侧建筑紧凑布局。核心水景广场连接宇宙瓷厂片区。南部以商业、体育等功能为主，中部为美术馆，北部为艺术家工坊、住宿与办公区。合理的容积率和

对建筑尺度的控制确保了宜人的空间。保留建筑则予以加固修缮，使得新旧建筑和谐共生。原翻砂车间、球磨车间改造为美术馆，原装配车间转变为全民健身馆，北部厂房成为艺术家工作室和公寓。整体设计保留工业特色，同时满足现代功能需求，从而为艺术家和居民提供创意活力环境。

外部空间设计强调场所营造与空间叙事性。通过空间结构、界面干预、尺度把控、信息表达和生态赋能五个维度，我们对陶机厂工业遗址片区的外部空间进行全面优化。利用生产工艺动线构建空间结构，保留历史遗存和特色元素，如大乔木、烟囱和工业设备等以呈现时间感。优化交通系统，实现与城市交通的无缝对接，构建开放式空间格局。通过灰空间处理，形成活力界面，以增强城市与片区的互动。灵活处理建筑与场地的边界，创造自然过渡。注重尺度把控，确保空间舒适度和叙事性。利用大树和绿化营造宜人氛围，设置多功能广场和静水面，丰富空间体验。保护场地遗存，保留烟囱和工业设备并作为历史信息展示。生态赋能，以解决积水问题。同时，采用透水铺装和雨水收集系统，构建生态可持续的工业景观园区。

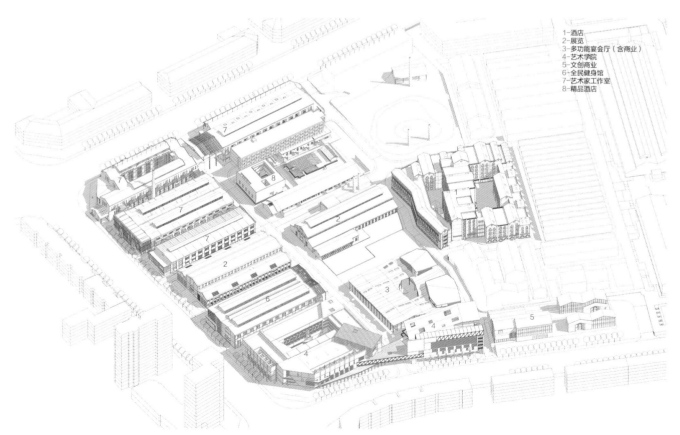

1-酒店
2-展览
3-多功能宴会厅（含商业）
4-艺术学院
5-文创商业
6-全民健身馆
7-艺术家工作室
8-精品酒店

陶瓷机械厂改造轴测图

陶瓷机械厂中心景观举办市集活动

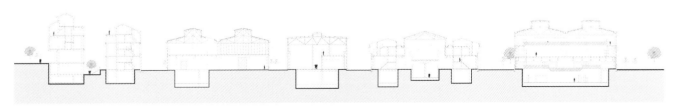

陶瓷机械厂西侧剖面图　　0　2　5　　10m

更新后的陶瓷机械厂

玻璃工坊室内改造

陶阳里片区

陶阳里片区位于以御窑厂为核心的老城中心区，包括彭家弄历史文化街区、徐家窑历史地段和建国瓷厂工业遗存等。用地面积22hm²，总建筑面积约20万m²。清代御窑厂周边片区是景德镇以御窑为中心形成的整个瓷业生产与社会生活的缩影，其空间格局体现典型的"官搭民烧"特征，也是清代–民国期间景德镇商贸繁荣的有力见证，更是历史上重要的居住商贸高度混合的街区。目前，保留完整的民国传统街巷有51条，其街区体现特有的建筑尺度，并且留存了丰富的非物质文化遗产空间。

陶瓷产业的转型、人口持续的外迁，导致御窑环境保护危机重重。常年缺乏保护，使得城市遗产严重破坏、建筑内部空间改造杂乱、历史格局无法判读、街区风貌及尺度失调、街区肌理遭到蚕食等。此外，街区密度高、基础设施陈旧、消防隐患重重，原有的空间环境难以适应现代生活的要求。如何平衡文化遗产传承保护与绿色发展之间的关系，已成为陶阳里片区保护更新的核心问题。

近年来，景德镇通过对御窑厂遗址和周边51条老里弄、明清窑作群以及近现代陶瓷工业遗产的更新改造，使得老城区向文化创意产业、旅游服务业等转型，也让陶阳里历史文化街区既有"书卷气"，更有"烟火气"。一是注重保护传承。以景德镇"申遗"为龙头，以御窑厂为核心，对老街区、老厂区、老里弄和老窑址等实施立体控制和保护，通过文化赋能与修缮，完整保护了景德镇老城近1000年的陶瓷文化遗迹，其中包括明清两代的御窑遗址、近百年来形成的近现代各类陶瓷工业遗存。设计将其转变为瓷文化研学体验基地，并与现代体验相结合，激活了街区活力。二是注重有机更新。首先尊重街区风貌环境，坚持以"留"为主的小微更新，通过80%以上的留、改及小部分的拆违建筑、织补新建筑，最大化地保护不同时代的遗存，补足街区功能短板。三是创新消防设计、施工、审核、验收融为一体的方法。通过规划与建筑综合消防设计、智慧消防系统和群防群治机制等，解决消防设计规范、图纸审核、验收等关键环节的现实问题，并与相关专业团队合作，编制《景德镇市历史城区修缮保护及老厂区老厂房更新改造工程项目消防管理暂行规定》，从而为该项目提供政策支持。

彭家上弄片区航拍/2014年　　　　　　　　　　　　　　　　　　　　　　　陶阳里片区区位图

彭家上弄片区航拍/2022年

陶阳里片区重点设计部分总平面图

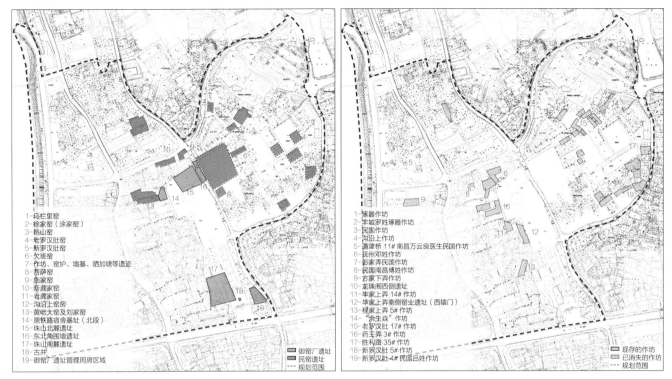

1-马栏里窑
2-徐家窑（涂家窑）
3-邑山窑
4-老罗汉肚窑
5-新罗汉肚窑
6-欠班窑
7-作坊、窑炉、墙基、晒加塘等遗迹
8-菩萨窑
9-施家窑
10-新龚家窑
11-老龚家窑
12-沟沿上窑房
13-黄老大窑及刘家窑
14-原铁路宿舍基址（北段）
15-珠山北麓遗址
16-东北角围墙遗址
17-珠山南麓遗址
18-古井
19-御窑厂遗址管理用房区域

▨ 御窑厂遗址
▨ 民窑遗址
--- 规划范围

御窑厂及周边民窑遗址分布图

1-琢器作坊
2-丰城罗姓琢器作坊
3-民国作坊
4-沟沿上作坊
5-通津桥11#南昌万云良医生民国作坊
6-抚州邓姓作坊
7-彭家弄民国作坊
8-民国南昌傅姓作坊
9-方家下弄作坊
10-龙珠阁西侧遗址
11-毕家上弄14#作坊
12-毕家上弄南侧窑业遗址（西辕门）
13-程家上弄5#作坊
14-"余生焱"作坊
15-老罗汉肚17#作坊
16-药王弄3#作坊
17-胜利路35#作坊
18-新罗汉肚8#作坊
19-新罗汉肚4#民国吕姓作坊

▨ 现存的作坊
▨ 已消失的作坊
--- 规划范围

御窑厂周边作坊遗址分布图

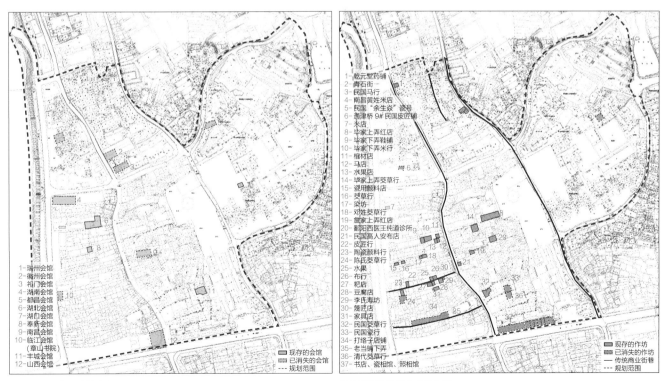

1-瑞州会馆
2-徽州会馆
3-祁门会馆
4-湖南会馆
5-都昌会馆
6-湖北会馆
7-湖口会馆
8-奉新会馆
9-南昌会馆
10-临江会馆（章山书院）
11-丰城会馆
12-山西会馆

▨ 现存的会馆
▨ 已消失的会馆
--- 规划范围

御窑厂周边会馆遗址分布图

1-乾元堂药铺
2-青石街
3-民国马行
4-南昌黄姓米店
5-民国"余生焱"瓷号
6-通津桥9#民国皮匠铺
7-米店
8-毕家上弄红店
9-毕家下弄鞋铺
10-毕家下弄米行
11-棺材店
12-马店
13-水果店
14-毕家上弄茭草行
15-瓷用颜料店
16-茭草行
17-染坊
18-双姓茭草行
19-詹家上弄红店
20-鄱阳西医王纯道诊所
21-民国高人安布店
22-皮匠行
23-陶瓷颜料行
24-陈氏茭草行
25-水果
26-布行
27-杷店
28-豆腐店
29-李氏寿坊
30-篾纤店
31-家具店
32-民国茭草行
33-民国瓷行
34-打络子店铺
35-老当铺下弄
36-清代茭草行
37-书店、瓷相馆、照相馆

▨ 现存的作坊
▨ 已消失的作坊
— 传统商业街巷
--- 规划范围

御窑厂周边传统商业分布图

修缮后的陶阳里莲花岭

采用坍塌房屋的窑砖，以砌筑墙面和铺装巷弄

△ ▷ 更新后的杨华弄

△ 修缮后黄老大窑　▷ 更新后的建国瓷厂

南京老城南系列规划

南京，江苏　2010—2014 年

　　南京老城南系列规划改变了传统的大拆大建模式，采用"小规模、渐进式"的院落单位保护更新策略，系统地修复和重塑了老城南历史城区的传统街巷肌理，同时因地制宜地植入公共空间与设施，有效化解了街区保护与民生改善之间的矛盾，为城市历史地段的有机更新提供了新途径。

项目地点：江苏省南京市

设计时间：2010年

竣工时间：2014年

规划面积：7km^2

设计单位：北京清华同衡规划设计研究院有限公司

　　　　　　北京华清安地建筑设计有限公司

合作单位：北京中元工程设计顾问有限公司

业主单位：南京城南历史街区保护建设有限公司

　　　　　　南京城建历史文化街区开发有限责任公司

摄　　影：曹百强

1-颐和路公馆
2-鼓楼
3-总统府
4-新街口
5-南捕厅
6-夫子庙
7-明城墙
8-中华门
9-门东箍桶巷

区位图

项目概况

历史价值　老城南历史片区是古都南京历史的缩影。本项目始于2010年，包含整个老城南地区的保护规划、城市设计以及老城南门东、南捕厅等片区的详细规划与建筑设计等一系列工作。南京老城南历史城区自汉、晋、建康城以来一直是南京城市的核心区域，在明代金陵都城时期达到建设的顶峰。今天整个老城南基本保持着明清城市的格局，其中多个片区仍保存有大量传统民居风貌。

面临问题　在本次工作开展之前，以房地产为主导的城市改造模式导致了老城南地区一些历史地段被局部或整体拆除，相关地段的人口已部分或全部迁出。同时，街区设施老旧、房屋破旧，未拆迁的片区更是人口拥挤并存在火灾等安全隐患。社会各界高度关注老城南改造中出现的问题以及亟待提升的需求。

项目成果　本项目既要解决既有改造引发的一系列问题，又要为老城南的保护更新和人居环境的提升提供有效的途径。设计结合城市保护更新的特点，创造性提出一整套保护、整治与更新设计的方案并得以顺利实施，从而扭转了南京老城南保护与整治的被动局面。

在规划设计编制方面，我们明确了老城南历史城区的六类保护对象，并在总体规划指导下开展了10余个地段的详细规划及建筑设计工作，推动了功能策划研究、旅游规划、历史文化挖掘等多方面的规划研究工作。

在具体地段实施建设方面，我们坚持以院落为单位，以分类施策、整体把控为原则，将保护与更新有机结合。团队设计并实施了箍桶巷示范片区保护与复兴工程、门东D4地块保护改造工程等。统筹指导了文物修缮、历史建筑维修改善、风貌受损片区的恢复、"一院两馆"旧厂改造、部分市政基础设施改善工程等。该工程为国内创立了保护利用的新模式，其中门东风貌区入选南京"十三五"十大优秀公共建筑工程。

改变大拆大建的既有模式，完整保护城市历史风貌

老城南历史城区内保留着众多的历史街巷，现存的历史街巷肌理是历史文化名城整体格局与风貌的重要组成部分。居住、商业、作坊、军营等不同功能的建筑院落形成了各具特色的城市肌理特征。沿街历史街巷建筑界面是城市历史风貌的重要元素。随着城市的发展，很多历史街巷虽然保持了原有的走向与位置，但是两侧建筑多已改造，有的街巷尺度发生了较大改变，这在一定程度上削弱了城市的传统风貌与特色。历史街巷中的地块，其建筑权属存在纠纷，办公、居住功能混杂，而且还镶嵌在街区肌理中，所有这些都成为旧城更新面临的现实挑战。

在当时大拆大建的形势下，为了更有效保护和提升风貌区，我们对片区内的每一栋建筑都进行了综合调查与评估，并建构了"保护规划-详细规划-建筑景观工程设计"一体化的工作模式，以此厘清复杂条件下保护更新

实施与管理中的关键问题。这也是我们清华团队在20世纪90年代初针对北京老城提出以院落为单位的"小规模、渐进式"保护更新模式而开展的规模最大的一次实践。该保护规划有效保护了老门东地段内具有平行小街巷肌理特点的边营、三条营等传统街巷肌理，被拆除地段的传统街巷格局得到修复，不同类型的建筑院落成为延续风貌肌理的重要手段。在此基础上，经过详细分类的各类建筑在风貌保护与城市更新中得到了有效的控制与引导，从而化解了南京市历史地段普遍面临的保护与民生改善及建设间的尖锐矛盾。

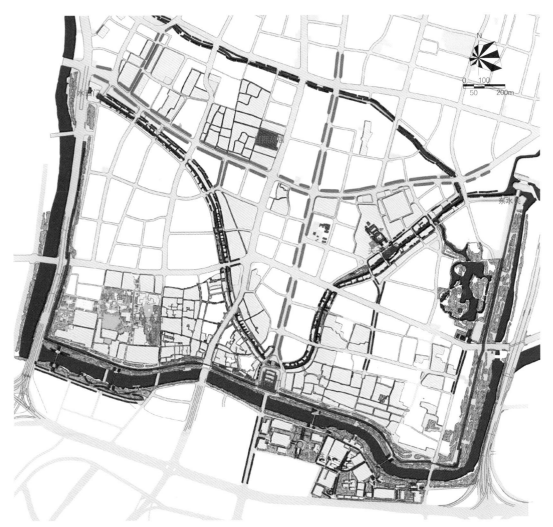

南京老城南历史片区城市设计总平面图

N

0 25 50 100m

1
2
5
3
4

1—中华门及城墙
2—中华门东侧地块
3—箍桶巷
4—芥子园
5—原色织厂

南京老城南规划总平面图

木构造无出挑

木构造二层退后

木构造二层出挑

上虚下实

木构造二层出挑（铁艺）

木构造无出挑（钉栏杆）

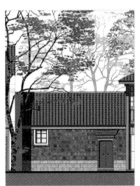

一层实墙立面

二层民国样式

改造后箍桶巷

修复被破坏的箍桶巷肌理

箍桶巷在20世纪90年代中后期的房地产开发中被拓宽，拓宽的道路合并了原来的张家衖、五板桥两条街巷，新的道路最窄处约22m、最宽处约30m。由于箍桶巷位于南京城南历史风貌区中的门东片区核心部位，其拓宽的道路割裂了中华门以东的三条营历史文化街区核心保护地带，并对明城墙沿北侧环境的风貌完整性造成巨大破坏。

随着社会各界对传统街区的重视以及南京市对于传统街区整治和复兴的迫切需求，箍桶巷工程在保障市政管网的基础上，将道路宽度压缩到13m，并通过建筑织补的方式修复了街道尺度和立面风貌。同时，结合历史水渠、石桥的保护与利用，展示了具有南京传统街巷特色的高品质文化街巷空间。

箍桶巷的整治更新工程作为"老门东"示范街区于2013年对外开放，并带动了整个门东地区的业态发展和活力复兴。

通过系统的调研与分析，我们将老城南地区传统街区中的传统院落归纳为12种类型，并要求在地段新建筑的设计中参照这些类型。此外，项目还建立了包含多种立面构造形式的建筑元素库，以引导修缮和建筑细部设计。立面构造优化主要结合传统构造与钢筋混凝土构造，以展现真实木构造或砖木结构形式，并呈现传统风貌。通过这些策略，有效恢复了街区历史风貌，同时解决了建筑防火问题，整体提升了地区特色。

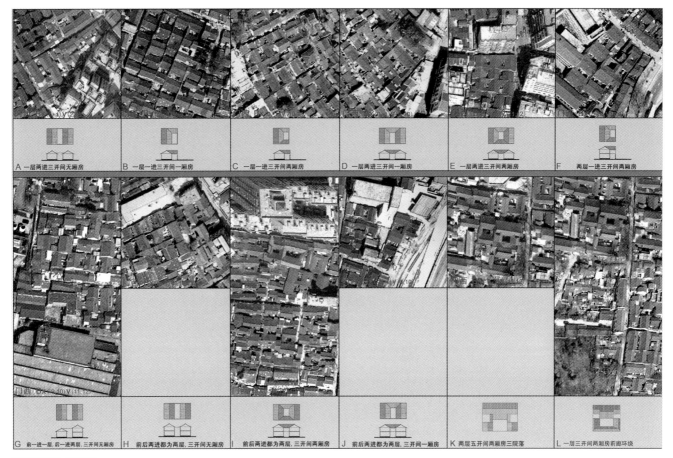

A 一层两进三开间无厢房	B 一层一进三开间一厢房	C 一层一进三开间两厢房	D 一层两进三开间一厢房	E 一层两进三开间两厢房	F 两层两进三开间两厢房
G 前一进一层, 后一进两层, 三开间无厢房	H 前后两进都为两层, 三开间无厢房	I 前后两进都为两层, 三开间两厢房	J 前后两进都为两层, 三开间一厢房	K 两层五开间两厢房三院落	L 一层三开间两厢房前廊环绕

传统院落布局类型图

1951 年的传统肌理　　　　更新前肌理　　　　织补后肌理

多措并举，分类解决肌理传承更新问题

传统地段的传承更新　老城南历史文化街区保存了丰富多样的文物和历史建筑。当时的大规模改造难以满足不同遗存的保护需求，为此项目采取了以院落为单位的"小规模、渐进式"分类保护有机更新策略，有效延续了街区的肌理，保护了整体尺度，使不同类型的建筑得到了科学的修缮、整治和改造。

恢复被拆除地段的肌理　对于已拆除的中华门内东侧地块，我们以历史地图为依据，结合原项目功能需求，提出了重塑街巷肌理、优化交通组织、恢复传统空间尺度的方案。在此基础上，建筑采用传统合院布局形式，并有多种组合方式，以展现传统肌理的多样性。在地段沿内秦淮河一侧，建筑采用传统河房布局，延续十里秦淮的历史景观。在建筑材料与色彩方面，方案将与城墙相邻的建筑采用灰砖黑瓦，而地段内部的建筑则以粉墙黛瓦为主，以保证整个街区风貌的协调统一。

修缮
整治
多层改造
重建
拆除
集中改造
暂时保留

以院落为单元的更新策略

雅居乐地块更新前

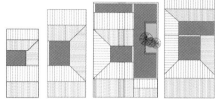

典型传统院落平面形式

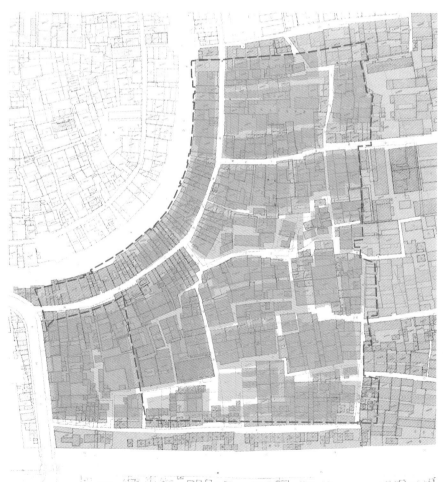

规划的街区肌理与 1951 年的街区肌理作叠合分析

1951 年街巷格局分析图

规划街巷格局图

△ 三条营沿街立面　▷ 整治后的三条营

各时期建筑类型的更新利用 历史地段存在一些非传统风貌的建筑，它们在街区中有些突兀，但却真实反映了近现代以来南京城市发展的历史，因此不应一拆了之。如老城南的色织厂，其厂房建筑体现了20世纪80年代的工业特色，质量良好，具有再利用价值。方案选择性保留了这类建筑，并建议通过整治后将其赋予新的功能，同时完善街区的功能与设施。比如，原来色织厂用地内的7栋厂房经改造后已成为南京书画院、金陵美术馆等公共文化建筑，既增强了街区的活力，又丰富了建筑的内涵，从而实现了城市的可持续发展。

原色织厂，现改作
金陵美术馆

南京老门东街区保护更新后实景图

因地制宜植入公共空间与公共设施

停车难、设施缺的问题在老城南片区中十分突出。门东芥子园地块的织补和更新工程不仅解决了片区的停车、人防、设备、积水等问题，而且还恢复了历史上金陵芥子园的景观，从文脉、风貌、功能等多方面满足了老城保护更新的需求。

该项目对地块内的文物建筑进行了保护修缮，在可利用的空间内织补了部分商业建筑。通过深挖历史信息和文字记录并联合多专业团队，最大程度地恢复了芥子园的风貌及格局，使300多年前金陵最著名的私家园林——芥子园得以重现。此园林的水景采用浅水面；假山采用内部中空的轻质结构，以减轻地上建构的自重。项目充分利用地下空间，设置了为酒店配套的附属用房、设备机房、仓储库房，以及满足人防要求的停车库等。为解决更大范围的配套问题，地块内还设置了公共卫生间、变电站等公共设施，特别是针对整个片区的低点设置了水泵房，以调蓄雨水，从而有效解决了长期困扰片区的雨涝问题，并大大提升了街区的安全性和宜居性。

02

历史街区保护与更新

　　历史文化街区是历史城市重要的文化遗产类型，也是城市特色的基本载体。在街区层面，深入剖析历史街区的格局、肌理和风貌等主体构成要素的价值及其联系，提出我国小规模、渐进式城市更新设计原理与技术标准，完成三坊七巷、五店市等历史街区的文化资源保护体系建构、保护传承规划与设计工程。系列工作实现了物质与非物质文化的传承，针对街区类型探索适应性保护更新模式，解决保护与利用的协同难题。

福州三坊七巷
历史街区保护与更新

福州，福建　2006—2016 年

　　三坊七巷的整体规划与设计系统复合地应对街区名人故居价值高、传统建筑类型丰富的现状，通过综合规划，覆盖各类保护对象，延续街区丰富多样的建筑风貌，协同非物质文化要素保护展示与街区建筑保护利用等多方面措施，形成一套应对历史街区复杂问题的综合规划、多元创新的复合工作方法，开创了街区的新局面。

项目地点: 福建省福州市
设计时间: 2006年
竣工时间: 2016年
保护范围: 29hm²
规划面积: 39hm²
设计单位: 北京清华同衡规划设计研究院有限公司
　　　　　　福州市规划设计研究院
　　　　　　北京华清安地建筑设计有限公司
　　　　　　清华大学建筑设计研究院有限公司
业主单位: 福州市三坊七巷管理委员会
　　　　　　福州市三坊七巷保护开发有限公司
摄　　影: 贾玥　是然建筑摄影　项目组

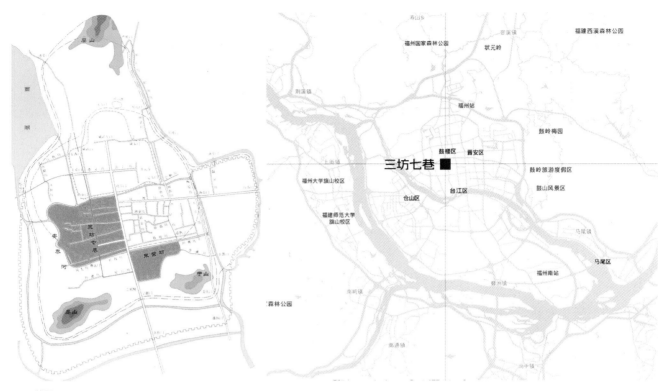

△ 区位图
◁ 修缮后的文儒坊

项目概况

历史价值 项目位于福州市古城核心区，街区总面积39.81hm²，缓冲区包括澳门路西、南街等10余公顷用地。街区迄今仍较完整地保留着始建于唐代的鱼骨状街巷格局与大量传统风貌建筑。"一片三坊七巷，半部中国近现代史"。街区文化遗产丰富，被誉为"明清建筑博物馆"、中国古代"城市里坊制度的活化石"。

面临问题 20世纪90年代，受当时城市改造大形势的影响，三坊七巷一度面临被整体拆除的巨大压力。其中，南后街西侧、衣锦坊以北的部分地段已改造成高层商品房。在此危急情况下，国内多位专家学者积极呼吁对街区实施整体保护，于是三坊七巷的保护与整治被提上工作议程。

项目成果 三坊七巷历史文化街区的保护与整治工程始于2006年，历经10年完成了保护修缮、整治改造、文化复兴等实施工作。项目坚持"镶牙式、渐进式、微循环、小规模、不间断"的原则，最大限度地保护历史遗存，传承城市文脉，创造性地探索出一条历史文化街区及周边区域整体复兴的实施新途径，它对我国历史文化街区的保护理论与实践产生了深远影响。三坊七巷现已成为福州市的金名片、我国历史文化街区保护的样板之一，并被列入首批中国历史文化街区、我国首个城市型社区博物馆和中国世界文化遗产预备名单。

街区保护更新工作包括街区保护规划、文物与历史建筑的保护修缮、传统建筑集中片区的南后街整治、部分缓冲区建筑的更新以及街区传统文化的延续，并在全国开创性地开展了数字化遗产保护等领域的探索。

修缮前的二梅书屋大门（左）
修缮后的二梅书屋大门（右）

衣锦坊
文儒坊

◁ 修缮后的文儒坊
▷ 修缮后的衣锦坊

更新前街区鸟瞰

严格开展分类保护，促进保护数字化科学化

三坊七巷历史文化街区汇集了大量遗产建筑，包括全国重点文物建筑院落、历史建筑、相当数量的传统风貌建筑等；它们大部分位于历史文化街区的核心保护范围或各级文物保护单位的保护范围和建设控制地带内，各类保护要求多且复杂。为了有序推进保护更新项目，项目建立了严格的"保护规划—整治规划—详细建筑设计"综合一体的工作程序，先后编制了《三坊七巷古建筑群全国重点文物保护规划》《三坊七巷文化遗产规划》《三坊七巷历史文化街区保护规划》等法定规划文件，还编制了《地块院落整治导则》与《街巷整治导则》等专业技术性指导文件，明确各类建筑的分类保护条件。

在整治规划与建筑设计中，我们全面贯彻各类保护要求，采取院落式、单元式更新的方式，精准实现建筑院落的分类实施。在街区与传统建筑格局风貌不受突破的前提下，逐步改善建筑与街区的品质。在修缮中对传统工艺的挖掘、研究与传承提出要求，并建立传承人培育和传承机制，以确保后续工程的实施达到预期效果。

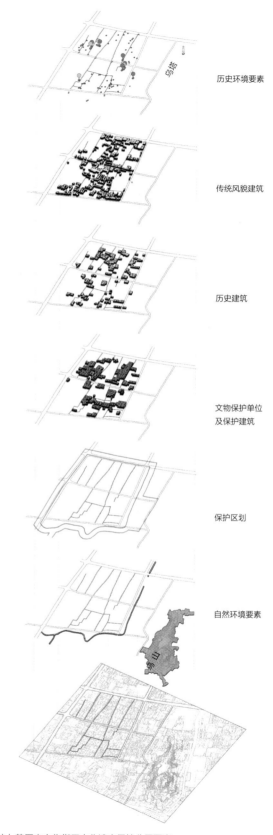

历史环境要素

传统风貌建筑

历史建筑

文物保护单位及保护建筑

保护区划

自然环境要素

三坊七巷历史文化街区文化遗产保护分层要素

修缮后街区鸟瞰

此外，为了提高单元控制与持续管控的准确性与有效性，我们在合作团队的共同努力下，率先将数字化平台引入文化遗产保护领域，成功构建了三坊七巷文物、历史建筑与街区的数字化图则与数字化档案，保障了三坊七巷及南后街等片区的保护更新工程。相关数字化平台持续创新迭代，形成了福州历史建筑数字管理平台与福州历史文化名城数字管理平台，显著提升了管理、设计保障等有关工作的效率，并取得多项专利。

福州市历史地理信息系统软件

△ 修缮后台湾会馆立面
◁ 修缮后的文儒坊

△ 修缮前的戏台
▷ 修缮后的戏台及花园

光禄坊　　　　　　　　　　　　　　　　　　　　　　　　　　　　　　丰井营

利民大药房　　　　南后街 229 号　　"益乐轩" 茶桌店　南后街 228 号　　　　通往光禄吟台　　泔液寺
　　　　　　　　　历史建筑　　　　　　　　　　历史建筑　　　　　　　　　　　　　　　　　历史建筑

南后街规划西立面图（光禄吟台部分）

宫巷　　　　　　　　　　　　　　　　　　　　　　　　　　　　　　　　　　　吉庇路

南后街 21 号　　南后街 19 号　　　　　　　　历史建筑　保护建筑　蓝建枢故居
"青莲阁" 裱褙店 "黄金波" 花灯店

南后街规划东立面图（南段局部）

■ 保护　　　□ 翻建
□ 改建　　　■ 更新

探索风貌多样性保护方法

　　三坊七巷历史文化街区的里坊式街巷格局形成于唐宋，并延续至今。建筑原以院落式宅院为主，而后随着商业生活的不断繁荣，虽然三坊、七巷仍保留着院落式较为封闭的巷道空间，但南后街、光禄坊、南街等面向城市的道路沿线被逐步改建成商业、住宅混杂的建筑形式，出现了大量商业店面或下店上宅的建筑。至清末民国初期，三坊七巷街区形成了丰富而独特的建筑风格。其中，坊巷主要为士大夫居住的院落式建筑，外部街道为木板墙的"柴栏厝"建筑，以及部分由民居改造而成的西洋式砖木建筑等。然而，由于长期缺乏维护，街区内的大量砖木建筑，尤其是那些构造简单的"柴栏厝"已经老旧破败，严重影响了街区的整体风貌和品质。当时对三坊七巷修复整治的策略存在大量争论，部分观点主张要强调士大夫院落建筑特色，拆除其他非典型风貌的建筑——这使得大量传统建筑前途未卜。

▽ 南后街规划总平面图

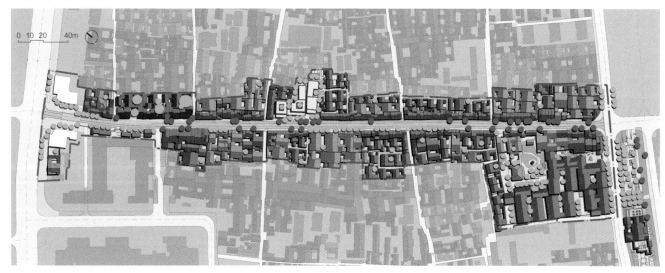

0 10 20   40m

△ 南后街的管线改造

△▽ 更新后的南后街

为此，我们的规划设计工作深入研究了三坊七巷街区及福州地区的建筑演变与风貌特征，明确了各类建筑历史及其地域特色，并提出多元建筑风貌保护的观点。针对各建筑的特殊区位与代表性，我们制定了以尊重原状为主的真实性修复与保护原则，旨在维护多元共生的建筑环境。由此成功地保存了士大夫院落、木立面柴栏厝以及近代砖石建筑等多样的街区建筑元素，形成了丰富精彩的街区空间。在南后街沿街建筑的修复与整治工作中，有效纠正了"柴栏厝"是临时建筑的误区，突出南后街"柴栏厝"的历史价值。在整治详细设计中，"柴栏厝"独特的建筑构造与立面形式得到延续与传承，从而强化了南后街轴线的空间结构与特色。在南后街建筑的整治过程中，积极引入新材料与安全性高的结构，改善了原简易木楼"柴栏厝"建筑耐久性和舒适性差等问题，实现了南后街建筑风貌与建筑性能的综合提升。

△ 光禄坊三坊七巷社区博物馆　▽ 光禄坊三坊七巷保护修复成果展示馆

点睛珠宝
→

南后街
103

整治后的南后街柴栏厝建筑

修复后的安民巷桢楠文化艺术博物馆

在传统环境中植入创新设计

　　三坊七巷历史文化街区及其建设控制地带内的保护建筑分布广泛，与其他建筑交错参差，建筑基础环境复杂。很多地块极具传统风貌特色，一些地块又因为历史原因风貌损毁严重，亟待织补修复。

　　处于街区建设控制地带澳门路西地块中的澳门路8号地块就是这样一个地段。地段中保留有林则徐家祠、林则徐纪念馆、澳门路8号历史建筑等多处文物或保护性建筑，士大夫院落式建筑的肌理鲜明。然而地段内的其他建筑因历史原因已被拆除，街区建设控制地带以及现有保护性建筑周边整体风貌肌理亟待改善，以融入历史文化街区的整体格局。

　　按照整体规划，结合林则徐的事迹，在该地段织补新建一处禁毒博物馆。其设计策略将具有现代建筑的特征，并和而不同地植入历史环境中。设计借鉴院落式布局与传统园林的组织手法，利用景观空间组织空间轴线，使之与原有建筑的空间序列得到有机串联，并形成步移景异、自然衔接的空间意境。新建建筑全部采用钢结构的当代建筑形式，外观体现传统风貌整体性，内部结构则体现新建筑的时代特点。通过以上创新设计，既传承延续了传统风貌，又满足了当代技术与功能的要求。

1-黑色小青瓦屋面
2-黑色小青瓦压顶
3-白抹灰墙面
4-设备吊顶

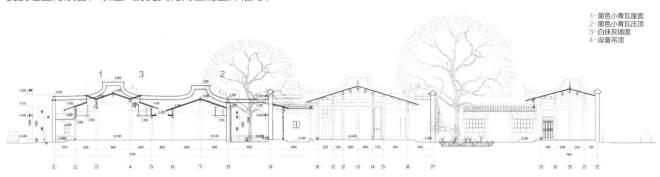

△ 林则徐纪念馆 1-1 剖面图　　0　2　5　　10m　　▽ 新建的林则徐纪念馆与林则徐祠堂间的过渡空间

△ 更新后的林则徐纪念馆内部庭院　　▽ 新建的林则徐纪念馆花园

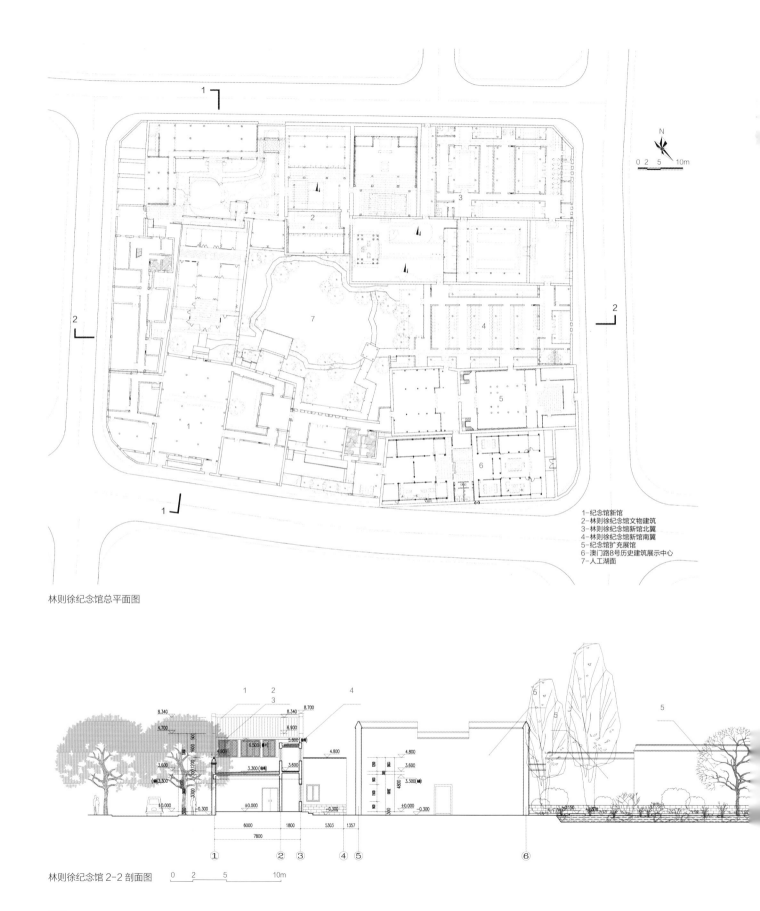

1-纪念馆新馆
2-林则徐纪念馆文物建筑
3-林则徐纪念馆新馆北翼
4-林则徐纪念馆新馆南翼
5-纪念馆扩充展馆
6-澳门路8号历史建筑展示中心
7-人工湖面

林则徐纪念馆总平面图

林则徐纪念馆 2-2 剖面图　　0　2　5　10m

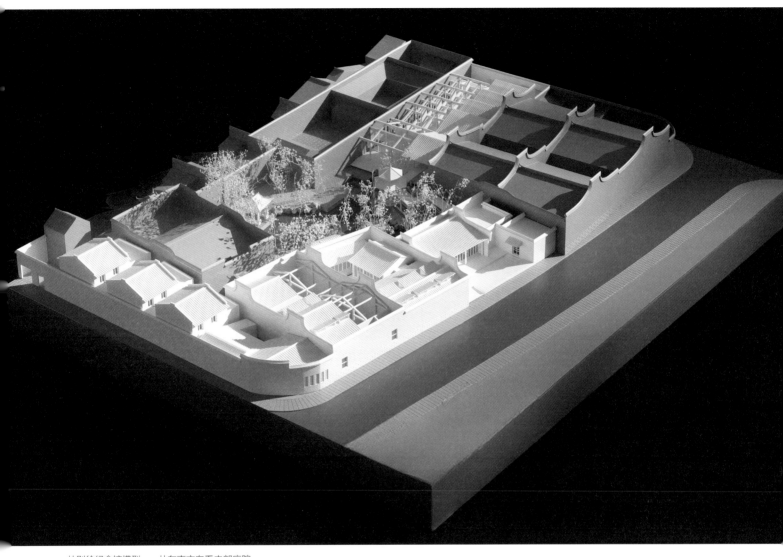

林则徐纪念馆模型——从东南方向看内部庭院

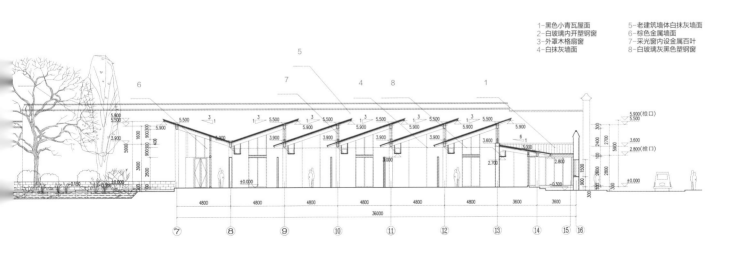

1-黑色小青瓦屋面　　5-老建筑墙体白抹灰墙面
2-白玻璃内开塑钢窗　6-棕色金属墙面
3-外罩木格扇窗　　　7-采光窗内设金属百叶
4-白抹灰墙面　　　　8-白玻璃灰黑色塑钢窗

促进文化传承与延续

位于福州历史发展的中心区域，三坊七巷不仅是汇聚了古建筑瑰宝的博物馆，也是福州灿烂的非物质文化的富饶之地。因此，对于三坊七巷的保护利用工作，我们不仅要做好建筑与街巷的物质空间保护，还要做好与非物质文化遗产的协同保护工作。

《三坊七巷文化遗产保护规划》充分考虑了物质与非物质文化资源的结合，是国内首个协同进行物质文化遗产与非物质文化遗产保护的创新实践。该规划以文化空间为载体，系统构建了物质与非物质文化遗产相结合的保护体系。该规划对全国重点文物保护单位的物质文化遗产以及传统艺术、传统技艺、口头传统与名人故事等非物质文化遗产进行了全面梳理，提出了系统保护措施，通过多种手段延续地方优秀传统文化。该项工作被当时国家文物局领导评价为"是一个具有开创性的规划，是按照国务院文化遗产保护要求在国家文物局组织下进行的第一次有意义的尝试，属国内首创。"

在该规划指导下，建筑在修复时充分考虑了不同空间的特点，针对性地对院落式、单体式、组合式等不同类型的建筑安排相适应的功能，重要文物建筑原样展示了传统建筑艺术与非物质文化遗产的魅力，部分文物被精心打造为博物馆展示空间，部分院落与沿街单体建筑被辟为文化休闲场所与老字号等商业空间，丰富了文化保护传承的利用方式。为更好地延续传统生活文化，2015年我们团队开展了三坊七巷社区博物馆创建规划研究与建设工作，这也是国内首个大型的城市文化遗产传承社区博物馆。该项目以城市街区为主体，由多处承载着丰富的非物质文化遗产的传统文化院落共同构成活态社区博物馆。

随后，10个重点文物保护单位作为文博场所先后对外开放，充分展示了福州市乃至福建省的重要非物质文化遗产，大力颂扬了严复、冰心、林觉民、林则徐等杰出人物的文化贡献与历史事迹，受到政府、群众等社会各界的高度认可，对传承优秀传统文化起到了积极作用。书店、装裱、地方小吃等各类传统商业在南后街繁荣发展，传统民俗文化活动也陆续在街区举办，大大促进了三坊七巷的文化复兴。与此同时，南后街带来的庞大客流量也促进了三坊七巷周边作为城市商业中心地带的复兴，重现了历史上"衣锦坊前南后街"的历史盛景。

◁ 三坊七巷市民休闲活动
▷ 修缮后的文儒坊

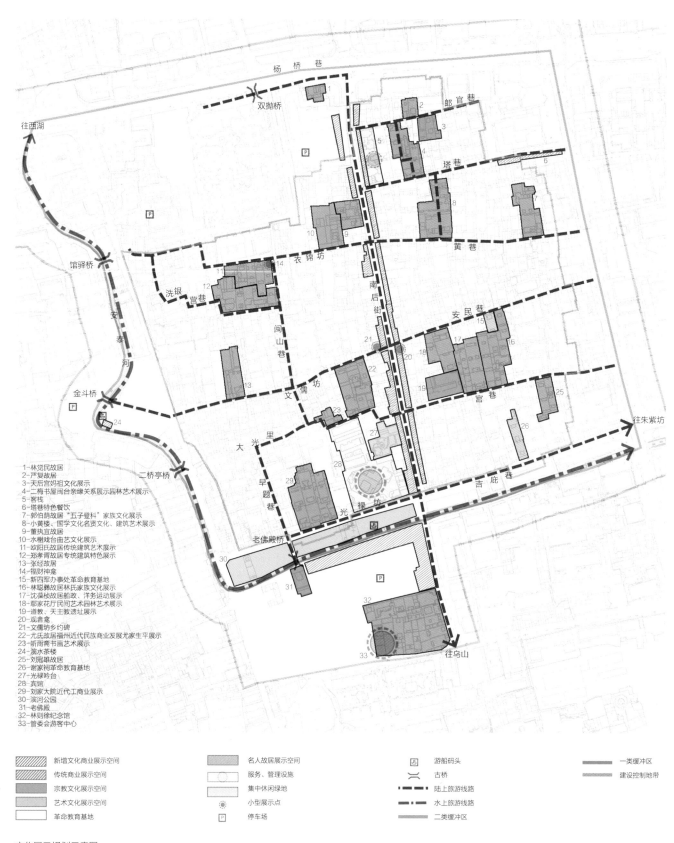

杨桥巷
双抛桥
往西湖
郎官巷
馆驿桥
塔巷
洗银
营巷
衣锦坊
黄巷
安泰河
南后街
安民巷
闽山巷
金斗桥
文儒坊
宫巷
往朱紫坊
二桥亭桥
大光里
吉庇巷
光禄坊
早题巷
老佛殿桥
往乌山

1-林觉民故居
2-严复故居
3-天后宫妈祖文化展示
4-二梅书屋闽台亲缘关系展示园林艺术展示
5-客栈
6-塔巷特色餐饮
7-郭伯荫故居"五子登科"家族文化展示
8-小黄楼、国学文化名贤文化、建筑艺术展示
9-董执宜故居
10-水榭戏台曲艺文化展示
11-欧阳氏故居传统建筑艺术展示
12-郑孝胥故居专统建筑特色展示
13-张经故居
14-福财神龛
15-新四军办事处革命教育基地
16-林聪彝故居林氏家族文化展示
17-沈葆桢故居船政、洋务运动展示
18-鄢家花厅民间艺术园林艺术展示
19-道教、天主教遗址展示
20-观音龛
21-文儒坊乡约碑
22-尤氏故居福州近代民族商业发展尤家生平展示
23-听雨斋书画艺术展示
24-滨水茶楼
25-刘冠雄故居
26-谢家祠革命教育基地
27-光禄吟台
28-宾馆
29-刘家大院近代工商业展示
30-滨河公园
31-老佛殿
32-林则徐纪念馆
33-管委会游客中心

	新增文化商业展示空间			名人故居展示空间			游船码头			一类缓冲区
	传统商业展示空间			服务、管理设施			古桥			建设控制地带
	宗教文化展示空间			集中休闲绿地			陆上旅游线路			
	艺术文化展示空间			小型展示点			水上旅游线路			
	革命教育基地			停车场			二类缓冲区			

文化展示规划示意图

修缮后的严复故居

修缮后的文物建筑作为展示福州传统文化的重要场所

福州连江魁龙坊
历史街区保护与更新

福州，福建　2018—2021 年

设计扭转了街区原有的平房改造安置方案，通过"应保尽保、织补更新"策略，恢复古城历史格局，保留多数建筑的原貌，在保护历史肌理的基础上，将传统生活巷道转变为高品质城市公共空间，实现传统居住型街区向在地文化商业类街区的转变，平衡了保护与发展的关系。

项目地点：福建省福州市
设计时间：2018年
竣工时间：2021年
用地面积：2.6hm²
建筑面积：2.3万m²
设计单位：北京清华同衡规划设计研究院有限公司
合作单位：福州市规划设计研究院集团有限公司
业主单位：榕发温麻（连江）实业有限责任公司
摄　　影：是然建筑摄影　项目组

项目概况

历史价值　连江县作为老福州的十邑之一，历史悠久，古城襟江环山，环境优美。城中虽然有部分高层建筑，但总体格局较完整，地方文化特色突出。魁龙坊街区位于老城中心，老建筑、街巷遗存集中成片分布，是连江城市历史人文鼎盛的重要见证。

面临问题　与国内很多城市一样，由于缺乏应有的历史文化保护意识，街区内老建筑长期缺乏维护，基础设施差，无序的自建房导致街区密度过高，人居环境品质低。自2018年起，连江县政府启动了魁龙坊等片区的改造工作，原方案拟将街区整体改造为高层住区，对街区历史风貌的保护迫在眉睫。

项目成果　设计团队介入后，在当地专家和团队的通力合作下，深入调研，挖掘街区的历史文化价值与保护要素。经过科学评估，确立了积极保护、审慎更新、延续城市风貌的原则，并对整个古城提出了整体保护的思路，即保护古城格局、控制新建建筑的高度，不再拓宽街巷，延续街巷肌理，保护古桥、古树等历史环境要素。在各界"保、改、拆、补"统一认识的基础上，团队对魁龙坊提出了全新的设计方案，将其定位为城市公共客厅，为社区提供文化服务功能，传承传统文化，并以此为契机，促进城市更新。为了妥善解决回迁居民的安置，设计提出了多层高密度住宅方案，并注重当地社区的街道生活环境的塑造，与保留下来的街区融为一个整体。魁龙坊于2020年底竣工开街，很快受到社会的广泛好评，极大地增强了社区居民的自豪感和文化保护意识。2021年8月街区被福建省人民政府正式认定为省级历史文化街区。

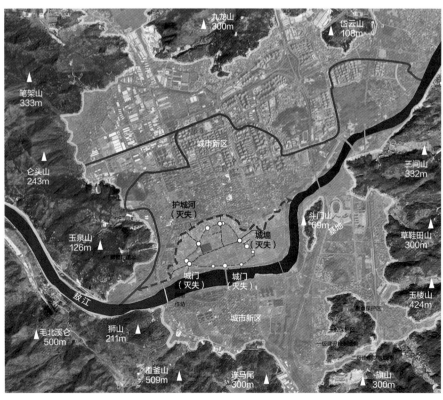

区位图

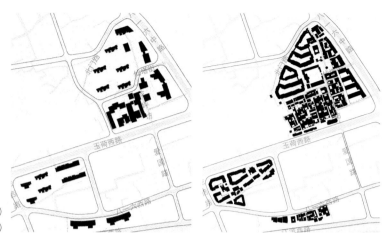

原回迁方案（左）
街区与住区融合的规划设计方案（右）

魁龙坊片区鸟瞰

街区历史格局的恢复

我们致力于传承连江老城"山水营城"的理念,让老城生活临水见山。魁龙坊街区有天王前街、化龙街一纵一横两条主要街巷,南侧平行于化龙街,有通城河穿过。街区的西南角为两河交汇口,上有化龙桥,因临理学书院,古时为进京赶考的学子践行、接风之处。街区内部有众多大厝,多为3~5进院落,均面向街巷布局,因而形成鱼骨状的布局。建筑拥有红瓦坡顶、连绵的封火墙等典型的地域风貌。

项目中所有空间尺度均以历史遗存要素的测绘数据为重要参考。项目对南侧临街不协调的多层建筑予以拆除,并以传统尺度、具有地域特色的商业建筑进行新建织补,以景观水系展示通城河的历史景观,恢复化龙街的传统风貌。同时在重要历史建筑前、历史街巷与城市街道连接处开辟广场,使街区充分向城市街道开放。

图例:
- 现存古城墙
- 古城墙(灭失)
- 通城河(灭失)
- 现存历史街巷
- 古代重要功能区
- 项目地段
- 古城门(灭失)
- 古水关(灭失)
- 古桥(灭失)
- 历史文化点(灭失)
- 文保单位
- 现状古厝

拱极门 孙氏宗祠 仙塔 公署(现县政府) 协署(现人大办公楼) 天王前街 三公庙 埔右水关 井弒井 魁龙坊 金璧桥 理学书院 化龙街 巷柄桥 化龙桥 威奇庙右水关 西门 天后宫

0 40 100 200m

△ 魁龙坊历史要素
◁ 方案草图
▷ 恢复历史上的通城河水系,街区向城市开放
▽ 魁龙桥亭前水街模型

恢复历史上的化龙街，形成公共空间

△ 通城河与温麻记忆馆（原知府厝） ▽ 温麻记忆馆（原知府厝）内部院落

重塑高品质城市公共空间

街区内街巷原为交通性道路，空间布局紧凑且单一，两侧建筑紧密相连，形成了一个较为封闭的场所，缺乏开阔的公共空间供居民或游客驻足休憩。设计方案首先优化街巷布局，拆除风貌不协调建筑，腾出更多公共活动空间，结合古井、残墙等历史遗存，更新为数个口袋公园，提升街区的绿化率，同时使其具有历史文化特色，以实现新旧街巷空间的有机融合。在保护并提升街巷空间品质的基础上，我们注重保留历史记忆与文化特色，使老街区重新焕发活力。设计以院落为单位重构功能，融入多种功能与业态，形成多元丰富的开放街区，使其成为集文化、商业、休闲、旅游于一体的综合性区域。在街区北侧我们规划设计了多层高密度、开放街区式社会住宅，结合拱极门、孙氏宗祠、仙塔等历史保护要素布置开放空间。项目实现了大部分原住居民就地安置，探索出了社会住宅与历史地段融合发展的创新更新模式。

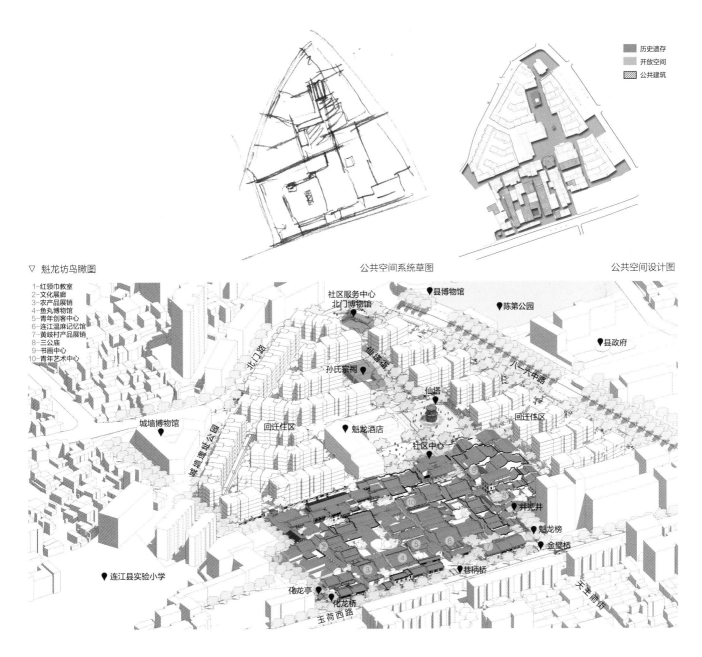

历史遗存
开放空间
公共建筑

公共空间系统草图 公共空间设计图

▽ 魁龙坊鸟瞰图

1-红领巾教室
2-文化展廊
3-农产品展销
4-鱼丸博物馆
5-青年创客中心
6-连江温麻记忆馆
7-黄岐村产品展销
8-三公庙
9-书画中心
10-青年艺术中心

街区肌理的保护与更新

从"大拆大建"转向"应保尽保、织补更新"。项目深入开展全面
体检评估，建立"留改拆"档案。更新院落均保持了原有院落边界，
采取整院保护、局部院落保护、重点建筑保护、局部构件、要素保护
等不同方式，实现应保尽保。最终形成文化展示、商业活动、办公空
间、居住社区、精品酒店、宗教场所等多元功能混合的开放街区。

更新前

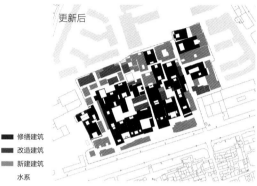

更新后

■ 修缮建筑
■ 改造建筑
■ 新建建筑
　 水系

△ 更新前后肌理对比　▽ 街区总平面图（更新后）

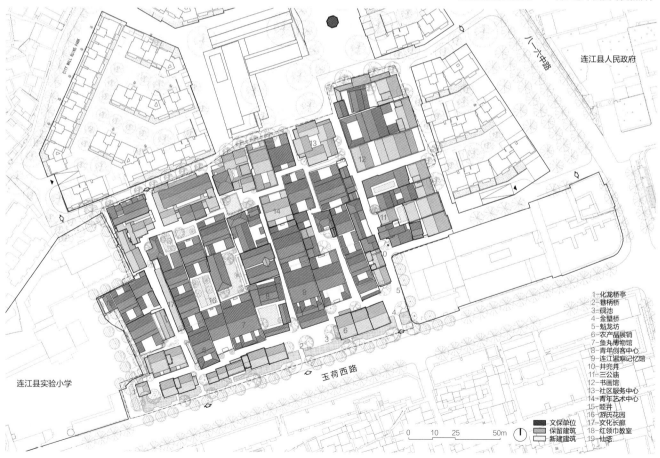

1-化龙桥亭
2-巷柄桥
3-砚池
4-金璧桥
5-魁龙坊
6-农产品展销
7-鱼丸博物馆
8-青年创客中心
9-连江遇麻记忆馆
10-井兜井
11-三公庙
12-书画馆
13-社区服务中心
14-青年艺术中心
15-睦井
16-游氏花园
17-文化长廊
18-红领巾教室
19-仙塔

■ 文保单位
■ 保留建筑
□ 新建建筑

0　10　25　　　　50m

△ 更新前街区风貌（左） 街区更新过程（右） ▽ 更新后街区鸟瞰

保留的残墙与更新后的庭院

△ 结合保留建筑墙体的景观

◁ 恢复历史街巷 —— 化龙街

建筑的保护与更新

街区内的民居普遍空间零散、利用率低，存在建筑间距小，木结构损坏，机电设施外露等消防隐患。针对这些问题，本项目将街区划分为若干个更新单元，探索单元内部协调的方法，控制机电设施的布局，并采用隐藏式设计以减少其干扰。

在建造过程中，我们将传统建筑遗存、构件材料及建造工法与现代新材料、新工程体系进行有机融合。为了保留建筑的基础，我们在临近保留墙体的新建钢筋混凝土结构基础采用地梁悬挑的方式。同时，对老墙体基础进行轻型钢管桩加固，在施工过程中实时监测干扰和变形情况，并采取分段精细化人工作业。部分建筑材料来自县域中收集的老旧建材，施工则采用当地传统工艺。新建结构的木料均取用本地大量生长的杉木，建筑整体以木结构为主、钢结构为辅，便于受损构件的更换和后期维护。在尊重传统建筑风貌的基础上，我们运用现代材料和工艺对屋面、墙体、门窗进行隔热性能提升，极大地改善了传统建筑的室内环境舒适度。

仙塔广场

保留建筑
新建混凝土建筑
戏台
设备用房及设备屋面

大厝院落织补模式

保留建筑
新建建筑
新建连廊
新建钢结构楼梯及设备屋面

民居组团织补模式

保留建筑
新建木构连廊及混凝土坡道
新建钢结构楼梯及设备屋面

民居单体织补模式

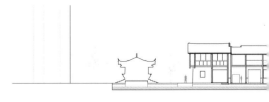

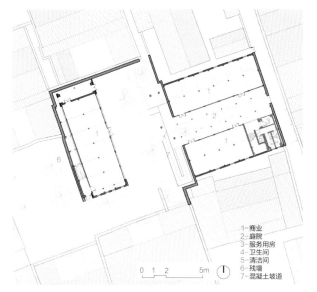

△ 典型组团平面图 ▽ 建筑功能的提升与建筑构件的保留

1-商业
2-庭院
3-服务用房
4-卫生间
5-清洁间
6-残墙
7-混凝土坡道

0 1 2 5m

△ 木构件最大化保留 ▽ 本土工艺的传承

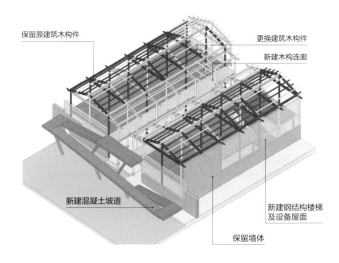

保留原建筑木构件
更换建筑木构件
新建木构连廊
新建混凝土坡道
新建钢结构楼梯及设备屋面
保留墙体

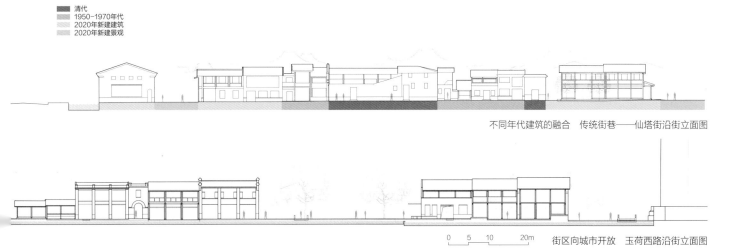

■ 清代
■ 1950-1970年代
■ 2020年新建建筑
■ 2020年新建景观

不同年代建筑的融合 传统街巷——仙塔街沿街立面图

0 5 10 20m 街区向城市开放 玉荷西路沿街立面图

更新前（左）与更新后（右）的魁龙坊街区

更新前（左）与更新后（右）的历史院落

更新前（左）与更新后（右）的古井与公共空间

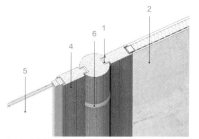

新建建筑墙身节点 1

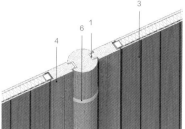

新建建筑墙身节点 2

1-胀缩缝
2-保温夹心复合石膏板墙
3-保温夹心复合木板墙
4-贴翅
5-断桥铝合金双层中空玻璃窗
6-藤箍

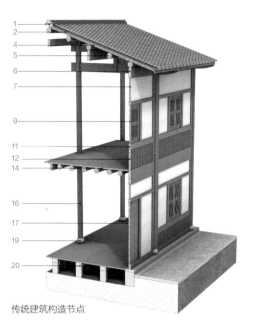

传统建筑构造节点

新建建筑构造节点

1-屋脊
2-屋面瓦
3-保温层
4-木檩条
5-木橼
6-木梁
7-灰板壁
8-保温夹心复合石膏板墙
9-木楞窗
10-断桥铝合金双层中空玻璃窗
11-木龙骨
12-木板墙
13-保温夹心复合木板墙
14-木地板
15-双层木地板夹橡胶垫
16-木柱
17-木门
18-玻璃幕墙
19-石柱础
20-石地梁

传统风貌与现代商业融合的室内空间

更新后院落

泉州晋江五店市
历史街区保护与更新

晋江，福建 2012—2016 年

项目抓住街区以宗祠大厝核心、闽南红砖民居为主调的多元建筑特色，提出整体保护更新的模式，对晋江五店市历史文化街区进行从公共空间、建构筑物、服务设施三个方面进行全面升级，解决了城市文脉传承与特色彰显、文化遗产资源的保护与可持续利用与城市融合发展的难题。

项目地点： 福建省晋江市
设计时间： 2012年
竣工时间： 2016年
用地面积： 8.4hm²
建筑面积： 3.3万m²
设计单位： 北京清华同衡规划设计研究院有限公司
北京华清安地建筑设计有限公司
北京中元工程设计顾问有限公司
合作单位： 福建省伟超市政园林规划设计院有限公司
泉州市城市规划设计研究院 等
业主单位： 晋江五店市传统街区建设管理领导组办公室
摄　影： 周之毅　赖进财　施清凉　吴宝烨　项目组

泉州晋江五店市历史街区鸟瞰

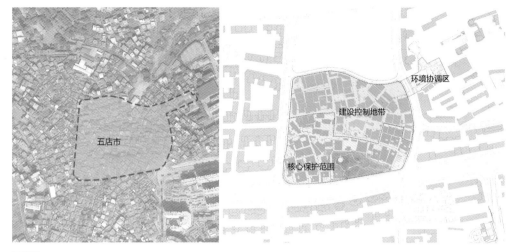

区位图

项目概况

历史价值　五店市位于福建省晋江市中心,因唐代蔡氏开设5间店方便路人歇脚饮食而得名,是晋江城市的起源地。五店市街区兴盛于明清,存有大量精美的庙宇宗祠、红砖大厝、番仔楼,以及丰富的非物质文化遗产,堪称晋江城市历史演变的活化石。五店市街区承载着丰富的传统文化,拥有多时期的建筑样式特征,明代"青阳八景"中的"青阳苍翠""石鼓喧声"二景就在街区范围内。晋江有丰富的非物质文化遗产,街区内大量极具特色的建筑空间及环境成为承载非物质文化的平台。青阳至今保留着多种颇具闽南地区特点的祭典与节庆。自2010年以来,虽然晋江开展了大规模城市更新建设,青阳从村落转变为五店市街区,但活态传统文化活动仍然经常在街区内举行。晋江是全国著名的侨乡,有"十户人家九户侨"之说。五店市街区内保存着众多与华侨、侨眷密切相关的建筑,它们是侨台亲缘纽带的实证。

面临问题　2010年,在大规模推进旧城改造时,五店市街区已经衰败,并面临被整体拆除、改造为民俗公园的危机。项目有三个问题亟待解决:一是说服政府调整改造策略,保留和抢救这片未拆改的传统街区;二是通过保护整治,提升街区的空间环境品质,塑造特色;三是活化并传承文化遗产,复兴街区活力,让晋江市民重新认识到传统建筑与民俗文化在现代生活中的价值。

项目成果　项目在梅岭片区整体改造的城镇化背景下,以文化遗产保护观念为指导,通过较完整的抢救性保护和多种织补手段,创造性地保护了街区风貌,延续了当地文化传统,激活了片区和周边城市。项目在居民整体搬迁的前置条件下,最大限度地保留了片区宗族、宗教及华侨文化等文化空间场所,使片区活态的传统文化在街区内得以传承与发展。通过展示利用,街区成为老少皆宜、主客共融的晋江城市会客厅。保护改造后的五店市已成为闽南传统建筑博物馆与民俗文化的"活化石"。街区先后被评为国家4A级景区、海峡两岸交流基地、首批省级现代服务业集聚示范区、第十批省级文化产业示范基地、福建省级历史文化街区以及晋江城市文化核心区。五店市的保护与复兴,为晋江城市文化品牌建设、城市形象提升、产业转型等,带来了巨大的社会效益、经济效益、文化效益,对晋江、福建乃至全国的街区保护、复兴事业都起到了示范与推动作用。

更新后的街区鸟瞰

突出街区的"根"，以价值为引领重构文化空间体系，重振街区活力

在改变项目定位与决策的设计之初，我们团队通过深入系统的街区价值评估，明确了街区重要的历史文化价值，达成了街区是晋江"城市生发起源地、演变历史活化石、传统文化重要载体、侨台亲缘纽带实证"的重要共识。团队以精心的城市设计为工具，与政府、居民、企业以及街区内庄氏、蔡氏两大姓氏宗亲会充分沟通，成功地扭转了项目的原有设想。原本方案是将街区整体拆除，只保留几处宗祠，其余改变为公园绿地。新的总体方案是，通过保护更新将街区塑造为集传统文化展示、传统风貌与民俗体验、企业文化展示、创意特色商业、休闲等多元功能于一体的晋江街区博物馆和城市会客厅。

不同于现代主义城市低密度、高容积率的形态特征，五店市街区以两处家庙为核心，顺应地形呈现出疏密有致的形态与肌理，极具地域文化特征。设计遵循了这一特点，将街区南侧的青阳山还原为城市公园，在两处家庙前方利用拆除不协调建筑形成的场地，增加一处水塘，塑造"一庙双祠山塘连、一街七片五店市"的结构。其余区域通过保护与织补，保持街区较为致密的传统空间肌理特色。

在现代遗产观的指导下，通过规划道路线位调整、原址保护修缮与改善等措施，积极保护原有宗祠、庙宇以及新中国成立后华侨建设的番仔楼、残墙、街巷肌理、大树、古井等要素，并将周边地块在拆迁过程中发现的传统建筑迁移至本项目进行复建保护。以历史上的"青阳八景"为参考，在街区重塑"桃花叠浪""樟井圣泉""雁塔地灵"等五处文化景观。结合保护和恢复的文化空间，合理布局街区功能与开放空间，形成街区入口及动线上的核心节点。

街区"虎爷宫"文化空间

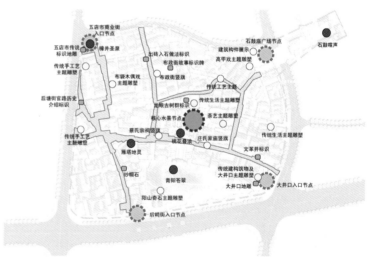

文化景观结构图

街区室内文化空间

原有宗祠建筑

154

街区开放空间

"雁塔地灵"文化空间街景

传承"地道"的闽南传统特色，织补优化空间秩序，承载闽南人的乡愁

人本尺度的传统建筑与空间是传统城市魅力的源泉。设计团队以地段内现存的传统建筑和空间尺度为基础，将新建建筑首层高度控制在3.9m以下，主要步行巷道宽度控制在9m以下，一般巷道宽度控制在4m以下。

设计传承了五店市街巷连续、错落、曲折、丰富的界面特色，保留街巷上的神龛、影壁等要素，鼓励在街巷中进行多样化的城市活动。沿街建筑以竖线条构图为主，通过多样化的开间、层高、檐口变化，形成强烈阳光照射下丰富、微妙的阴影关系。

多元和谐统一的风貌是五店市街区的重要特色。该项目积极保护红砖大厝、番仔楼等多种建筑类型，同时保护传承传统红砖烧造技艺以及木雕、石雕、剪瓷等传统工艺。在织补的新建筑中，精心挑选建筑材料，传承传统烟炙砖墙、牡蛎壳墙、出砖入石等多样的传统建造工艺。结合博物馆、小剧场、餐饮等不同功能，运用勾连搭、局部新增现代钢结构与玻璃幕墙等手法，满足现代大空间功能以及商业展示等需求。改造后的街区既在总体上呈现出红砖红瓦的统一风貌，又在细节上体现出从明清、民国一直到当代的多元丰富的特色。

古树、水塘、小桥流水等构成的宜人环境，是传统街区的另一大魅力。项目设计之初，团队就确定了严格保护街区内所有大树的原则。通过山体增绿、增加水景、保证地下室覆土深度、补植大树和精心组织庭院绿化等措施，本项目在炎热的闽南地区营造出一片清爽宜人的街区空间。

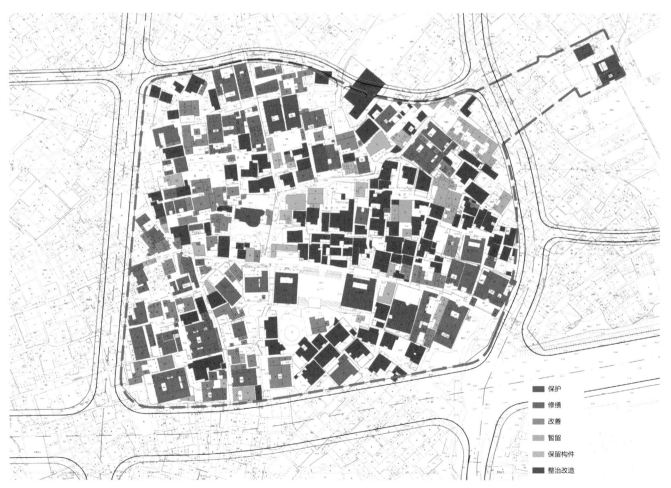

街区分类保护、整治、改善策略图

街区街巷更新后

采用老建筑构件的新建筑

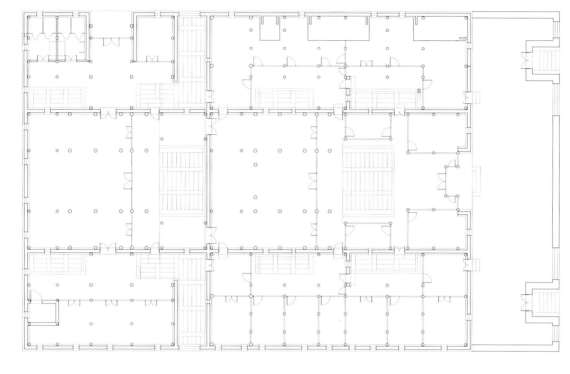

一层平面图　0　1　2　5　　　　　10m　⊝

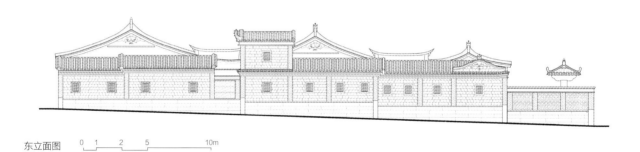

东立面图　0　1　2　5　　　　10m

正立面图　0　1　2　5　　　　10m

采用老建筑构件的新建建筑一层平面图、东立面图、正立面图

五店市中心水塘景观

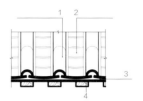

1-D100mm×210mm×10mm@270 筒瓦
2-250mm×255mm×10mm 板瓦
3-1：3 水泥砂浆卧瓦，最薄处大于 20mm 厚
　10mm 厚 1：3 水泥砂浆保护层
　1.2mm 厚聚录乙烯（PVC）卷材
　1mm 厚铁丝网
　20mm 厚 1：3 砂浆找平层满铺
4-240mm×220mm×10mm 望砖
　110mm×30mm@200 椽子

瓦面铺设大样图

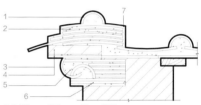

1-D100mm×210mm×10mm 筒瓦
2-250mm×255mm×10mm 板瓦
3-225mm×125mm×25mm 封壁砖
4-240mm×220mm×10mm 望砖
5-D100mm×210mm×10mm 筒瓦叠压，内填充碎砖
6-240mm×220mm×10mm 望砖堆叠（传统灰浆，灰：砂 = 1：2）
7-外抹 10mm 厚纸筋灰

垂脊大样图

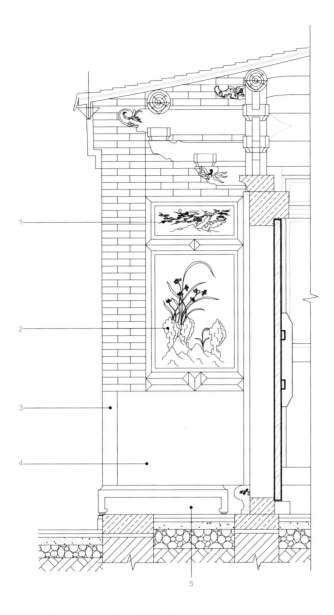

1-235mm×645mm×80mm 青石花鸟线雕
2-900mm×645mm×80mm 青石花鸟线雕
3-440mm×120mm×750mm 泉州白石角牌柱
4-750mm×1025mm×80mm 泉州白石裙堵
5-白石柜台脚，厚度 100mm

传统塌寿剖面图

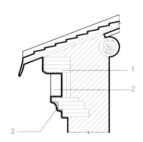

1-砖
2-水车堵采用传统工艺灰泥堆塑（灰泥由砺壳灰、麻丝、煮熟的海菜、
　添加糯米浆、红糖水，搅拌、捶打而成），将灰泥捏塑成形，在半
　干的泥塑表面彩绘
3-外抹 10mm 厚纸筋灰

水车堵大样图

传统塌寿剖面图、垂脊、水车堵及瓦面铺设大样图　　0　0.2　0.5　1m

五店市状元街街景

完善服务系统，满足时代需求，促进面向街区的可持续发展

在保护传统的同时，项目亦注重现代化的设施保障，为街区的保护与复兴提供坚实支撑。方案利用中央水塘下方及其他新建建筑的地下空间，设计了包含250余个车位的停车库。围绕核心开放空间，合理规划了车库及人行出入口，以保障到达的便利性。在建筑方面，通过结构转换解决了规则柱网的地下空间与地上传统肌理间的对位冲突。在市政设施方面，通过小型综合管廊技术与非标敷设技术，解决了狭窄街巷市政管网的敷设问题。为了实现丰富的街巷空间体系，设计团队在当地政府的支持下，采取建筑群划分防火组团、消火栓加密以及增加小型消防设备等措施，有效保障了防火安全。

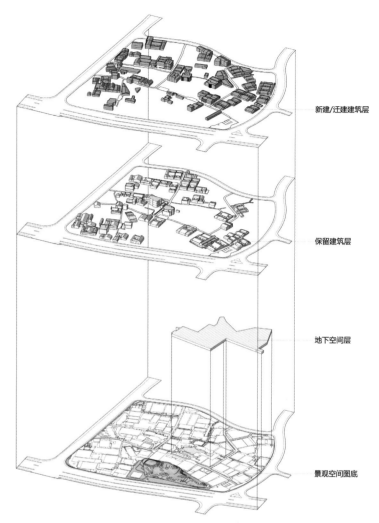

新建/迁建建筑层

保留建筑层

地下空间层

景观空间图底

街区建筑与空间分析图

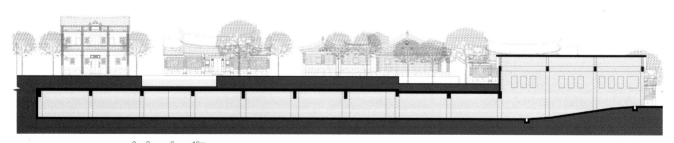

街区地下空间剖面分析图　　0　2　　6　　10m

街巷空间规划前后对比

构筑物及传统风貌建筑修缮前后对比

青岛广兴里
保护修缮工程

青岛，山东 2018—2019 年

遵循"应保尽保"原则，保护传统里院格局，审慎拆改违建与加建建筑，科学恢复历史原状，探索文物建筑的可持续性修缮技术，如结构加固和消防安全性提升等，兼顾保护与现代使用需求。此外，通过功能植入和业态策划，将传统里院建筑转变为集文化活动、社区交流于一体的活力空间。

项目地点： 山东省青岛市
设计时间： 2018—2019年
竣工时间： 2019年
用地面积： 2620m²
建筑面积： 3500m²
设计单位： 北京华清安地建筑设计有限公司
合作单位： 北京清华同衡规划设计研究院有限公司
业主单位： 青岛市北城市建设投资有限公司
摄　　影： 李逸　项目组

广兴里东侧内院

区位图

项目概况

历史价值 青岛广兴里又称积庆里，位于青岛市四方路历史文化街区。四方路历史文化街区是青岛典型里院建筑的聚集地。里院是我国北方城市特有的建筑类型，诞生于20世纪初，由德国建筑公司设计，后来逐渐演化成了最具青岛本土特色的民居形式。广兴里是青岛规模最大的里院建筑，为省级文物保护单位。

广兴里平行于街道而建，四周围合，中心是一个大院，三层内向的外廊将单元住宅串联在一起，3部公共楼梯联系不同楼层。其空间组织为"街道-内庭院-室内"及"开放-半开放-私密"的布局，立面有明显的德式风格元素。广兴里建筑面积约3500m^2，为砖木混合结构。建筑屋面为红色平瓦坡屋面，外立面为砌筑墙体抹灰，下部为石材勒脚，内院设有木质外廊。广兴里依坡而建，东高西低，从院内看是三层，从外街看为两层，建筑临街层室内标高随道路走势而变化。其他楼层平面亦有多种标高，其行走体验颇具趣味性。

面临问题 修缮前广兴里的内院私搭乱建严重，原本开阔的院落变得拥挤、破败。主体建筑也因年久失修以及生活配套设施落后，无法满足人们对现代生活品质的要求。作为青岛市历史城区保护与更新首批试点项目，广兴里修缮更新的整个过程都备受瞩目。

项目成果 修缮后作为青岛历史文化活动的重要载体，广兴里积极组织多项文化活动及设计论坛，包括设计市集、设计音乐会及设计主题展览等。同时，作为网红地和影视拍摄地，它也逐步打开社会知名度。2022年6月，广兴里入选"山东省历史文化保护传承示范案例"中的"文物建筑保护和活化利用"单元。广兴里的引领示范效应改变了当地城市建设的陈旧理念，设计团队协助地方消防部门编制了青岛历史文化街区消防导则，多措并举促使青岛老城建设走向保护性可持续发展之路。

识别文物要素，能保尽保，审慎拆改

里院建筑具有独特的历史、技术、文化、艺术和社会价值，是青岛城市风貌的重要组成部分。广兴里的保护更新遵循"能保尽保"的原则，强调历史的可读性与修复工程的可识别性。为了甄别现状及各个时期的建筑风貌特征，真实全面地保存并延续历史信息与价值要素，我们从平面格局、场地高差关系、墙体墙面、屋架、屋面、门窗、外廊、勒脚、内部装饰以及特色标语等多个层面对建筑进行修缮。修缮设计依据历史档案和现状，最大限度地保留历史信息，能小修

的不大修，能保留的决不动，最低限度地干预，避免在维修过程中出现修缮性的破坏，为后人保护、研究文物建筑提供可能。庭院内拆除了私搭乱建的房屋，恢复开敞空间。修缮保留了原有石材铺地，对破损的石材则用同尺寸、同材质、同颜色的石材予以替换。

坚持功能的多样性。建筑本体、内院以及沿街空间共同形成了社区商业、邻里交流空间、社区文化会客厅、社区集市活动广场等活力空间。

广兴里修缮前

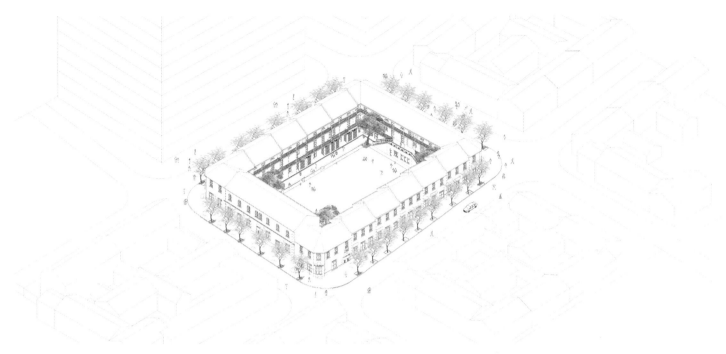

轴测图

广兴里东侧门细部

探索文物建筑的可持续修缮技术

　　广兴里建筑使用已超过百年，墙体材料老化严重，建筑物结构安全性低，整体承载力弱，需进行加固处理。为了保护文物传统风貌，墙体仅在室内侧用自密性细石混凝土板墙进行加固，避免截断、开凿主要受力构件，对主体结构造成"伤筋动骨"。在消防安全方面，通过设置室内消火栓系统、手提灭火器、自动喷淋系统、火灾自动报警系统、消防应急照明和疏散指示系统以及控制二层业态与使用人数、在附近建设5分钟内能到达的微型消防站等措施提高建筑防火安全性。

修缮施工过程

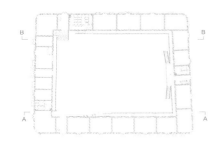

A-A 剖面图

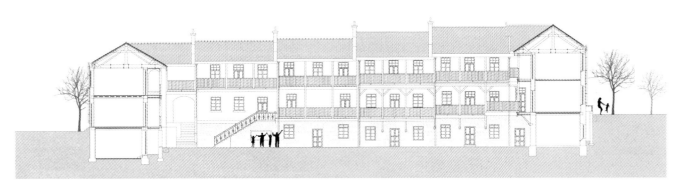

B-B 剖面图

南立面图　　0 1 2　　5　　　10m

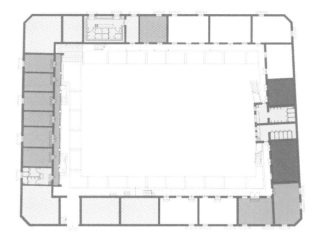

底层功能业态图

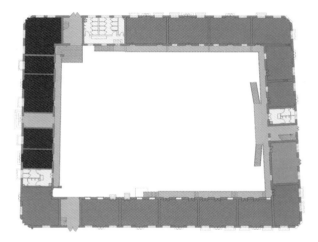

首层功能业态图

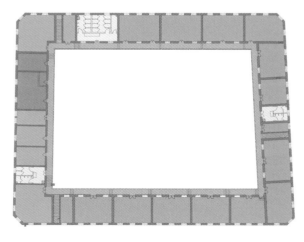

二层功能业态图

创意饮品店

展览

会议与多媒体室

办公用房

设计师工作室

研究室

交通与辅助用房

卫生间

△ 广兴里南侧内院 ▽ 东侧街景

广兴里西南角内院

△▽ 二层走廊外景

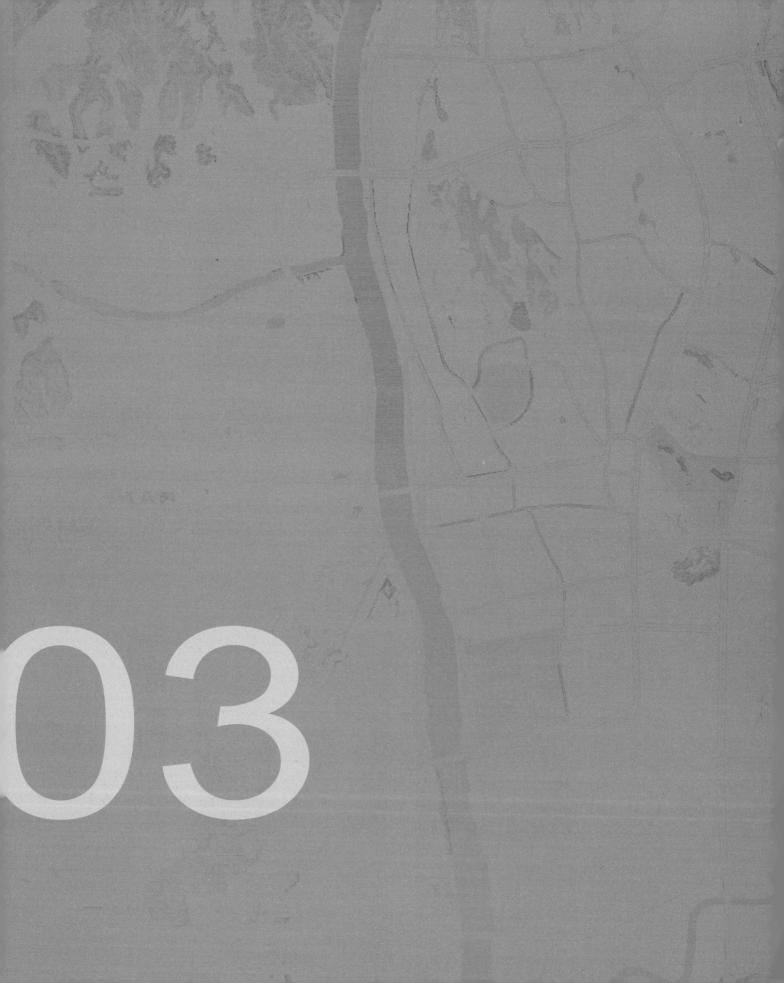

03

老旧厂区保护与更新

老旧厂区具有产业空间与工业遗产的双重属性，通过景德镇诸多瓷厂、龙泉国境药厂等保护更新工作，开展陪伴式设计，探索手工作坊区、民居及现代工业遗产保护为引领的绿色更新模式，使得因城市产业迭代导致经济、功能衰退的老旧厂区重获价值，功能融入现代社会。系列工作解决了大量闲置工业用地的再利用问题，作为工业文明的活态载体，开放容纳现代城市中的多元主体与产业功能，成为引领城市高质量发展的引擎，示范了老工业城市转型发展。

景德镇陶瓷工业遗产博物馆、陶溪川美术馆

景德镇，江西　2012—2016 年

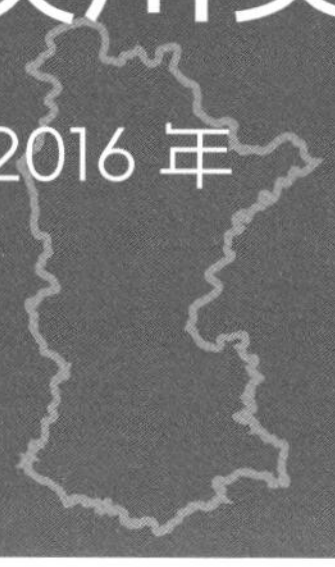

　　该博物馆、美术馆是景德镇工业遗产保护利用的引领项目和城市更新的触媒工程。设计以最小干预原则，保留并活化陶瓷工业遗产，融合现代功能与低碳设计，展现多时期制瓷工艺。设计在老结构的基础上使用新材料，达到了建筑节能和可持续发展的要求。通过增设多功能商业与创意办公空间，强化了建筑与城市互动，带动并活化了陶瓷文化园区，极大地提升了景德镇的国际艺术影响力与城市品质。

项目地点： 江西省景德镇市

设计时间： 2012年

竣工时间： 2016年

用地面积： 2hm²

建筑面积： 2万m²

设计单位： 北京清华同衡规划设计研究院有限公司

　　　　　　北京华清安地建筑设计有限公司

　　　　　　北京中元工程设计顾间有限公司

业主单位： 景德镇陶邑文化发展有限公司

摄　　影： 姚力　周之毅　曹百强　项目组

区位图

项目概况

　　景德镇陶溪川国际陶瓷文化产业园示范区的实施规划与建筑、景观设计始于2012年，包含保留工业建筑及部分新建建筑及相关厂区环境。其中，陶瓷工业遗产博物馆和美术馆分别由原宇宙瓷厂内建于20世纪50年代、90年代初的烧炼车间厂房改造而成，建筑面积约11460m²。

　　陶瓷工业遗产博物馆和陶溪川美术馆均长百余米。博物馆内有两条第二代制瓷生产线的煤烧隧道窑，以及两座圆包窑，美术馆内遗存一条气烧隧道窑，这些窑炉遗存堪称近现代陶瓷烧炼工艺的活化石。保护更新设计从建筑形式、结构、材料和环境建造等多方面保护历史记忆载体，并在巧妙植入现代功能和设施的同时保护其整体原真风貌。

　　本项目唤醒了人们的城市记忆，为海内外"景漂"提供了就业、展示以及商业服务空间和环境，成为整个陶溪川项目的触媒。从此众多瓷工重返这片陶瓷圣地，延续了陶瓷文化产业的繁荣，带动了景德镇的旅游业、服务业的发展，使景德镇重新成为国际艺术的焦点。同时，也为景德镇市民提供了难得的文化与休闲场所。项目大大提升了市民的自豪感，为解决由于工厂关闭带来的社会环境等问题开辟了新的途径，为景德镇城市整体提质升级做出了重要贡献。

△ 博物馆更新前外立面（左）　美术馆更新前外立面（右）

△ 美术馆更新后外立面　▽ 博物馆更新后外立面

遵循"最小干预"原则

保持真实性，谨慎修复并适度创新，坚守低碳环保。在改造中保留原有建筑的主体结构并进行加固。对老厂房中的外墙材料、内部构架予以最大限度保留并再利用，以减少建筑垃圾。在施工过程中，聘请参与当年厂房建设的老工人采用原工艺进行修复和建设。两座烧炼车间内分别保留着3个不同时代的生产工艺特征：传统的圆包窑（俗称"馒头窑"），早期的煤烧隧道窑，技术革新后的气烧隧道窑。景德镇近现代陶瓷生产的3种工艺，在两座厂房中高度集中。设计围绕3个窑炉设置通高的吹拔空间，周围加建二层展览空间。两馆均以老窑炉为视觉焦点组织展陈流线。

在博物馆北端，保留了苏联援建时期的4层筛料漏斗，并在适当位置加建了轻巧的通行电梯和楼梯，把整个建筑群的最高点利用起来。为了保持西面风貌的完整性，设计在博物馆的东侧插建了两部货运和疏散梯，形式上采用玻璃体，与保留厂房的坡屋顶形成对比。在材料的选择与控制上，采用原规格的红砖设计。

美术馆建筑改变了原来白瓷砖的外墙设计。将原来的侧墙高窗改为实墙，并在底层开设店门。北侧西北角设置主入口门廊，与北侧的博物馆人流相呼应。设计将原来高大的山墙拆除，将老屋架和柱子暴露，将原来的坡屋顶向外延长，形成屋檐，同时在老柱外侧新立钢门框，以便悬挂广告和彩旗等。更新后美术馆的整个外墙采用规格不一的废旧窑砖，施工砌筑时根据每种旧砖的规格尺寸和存量的多少，决定砖的砌筑匹数，以及不同砖、瓦的混搭形式。

在建筑周边构筑物的修缮设计中，原址保留了烧炼车间3个标志性的烟囱，将过去工业生产的记忆和大尺度的工业美学充分展示给公众。

低影响的新结构和节能技术的介入

由于防火要求，博物馆建筑原有的木结构必须更换，为此设计采用与原木屋架神似的钢结构替换朽坏的木屋架，这样既保证了防火安全，也传承了原有结构的形式特点。博物馆北侧采用全新的钢结构，与南侧的老建筑形成对比。改造部分的建筑屋顶及外墙均采用高效保温材料，既满足了节能要求，又恢复了原有的高侧窗形式。美术馆保留了20世纪90年代的混凝土屋架，并利用碳纤维进行了加固。

▽ 博物馆北侧立面

建筑功能、建筑外部空间与城市的结合

建筑两侧增设连续商业功能空间，直接对外经营，局部采用钢结构新增一层夹层，并增加地下空间，使建筑从原来的单一大空间转变为丰富的多层展示空间。同时，在厂房的纵深方向沿街界面分割出两排独立的小型创意办公与商业空间，使博物馆和美术馆成为园区真正的活力核心。

针对核心的遗存烟囱，设计结合场地空间的特点，在博物馆前的空地上设置了一片大型水面，水深达45cm，成为陶溪川一期工程水系的核心。这片水面能完整倒映出博物馆立面，与周边广场融为一体，成为整个厂区公共交流活动的核心场所，为公众提供了活动与集会的空间。水元素的引入首先基于建厂之前这里曾是北部凤凰山通向南部小南河的排洪河道，其次从文化传承上，陶瓷工艺就是水与火的结合，最后水系的引入可以改善这里夏天湿热的气候，提高环境的舒适度。

同时，设计保留了建筑周围的大树和作为运送原料的小货车轨道，并将原来车间内的窑车分段切割后改造为独具特色的景观花坛。博物馆、美术馆以城市建筑的形式与环境互动，成功将工厂内的道路和封闭的车间转变为极具活力和特色的城市街道。

废弃的工业设施修复后在庭院中展示

老旧建筑材料的回收再利用

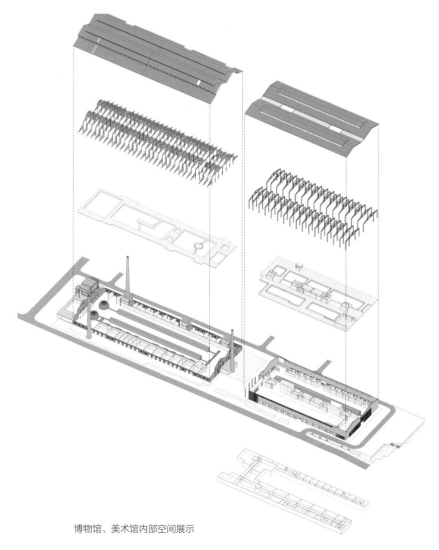

博物馆、美术馆内部空间展示

被改造成美术馆前的厂房内部

被改造成博物馆前的厂房内部

加固后的美术馆屋面结构

更新后的博物馆屋面钢结构

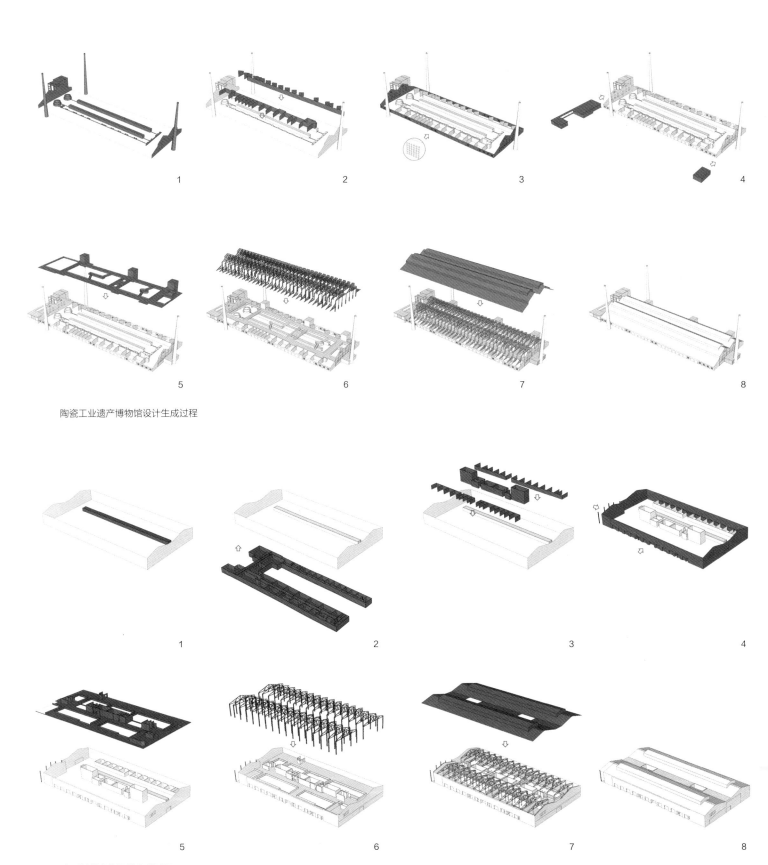

1　2　3　4

陶瓷工业遗产博物馆设计生成过程

5　6　7　8

1　2　3　4

陶溪川美术馆设计生成过程

5　6　7　8

186

△ 改造后的陶瓷工业遗产博物馆和厂区道路　▽ 更新后的美术馆南立面

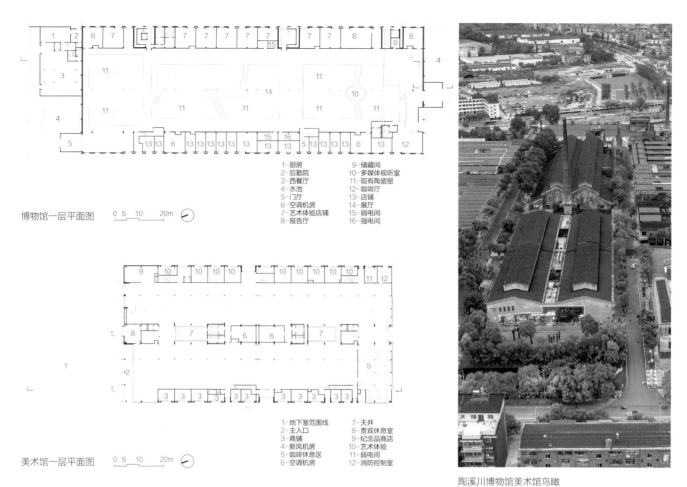

1-厨房　　　　　　9-储藏间
2-后勤院　　　　　10-多媒体视听室
3-西餐厅　　　　　11-现有陶瓷窑
4-水池　　　　　　12-咖啡厅
5-门厅　　　　　　13-店铺
6-空调机房　　　　14-展厅
7-艺术体验店铺　　15-弱电间
8-报告厅　　　　　16-强电间

博物馆一层平面图　0 5 10 20m

1-地下室范围线　　7-天井
2-主入口　　　　　8-贵宾休息室
3-商铺　　　　　　9-纪念品商店
4-新风机房　　　　10-艺术体验
5-咖啡休息区　　　11-弱电间
6-空调机房　　　　12-消防控制室

美术馆一层平面图　0 5 10 20m

陶溪川博物馆美术馆鸟瞰

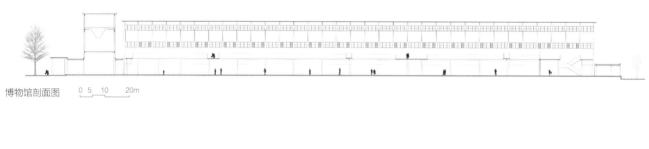

博物馆剖面图　0 5 10 20m

美术馆剖面图　0 5 10 20m

美术馆周边道路和水景

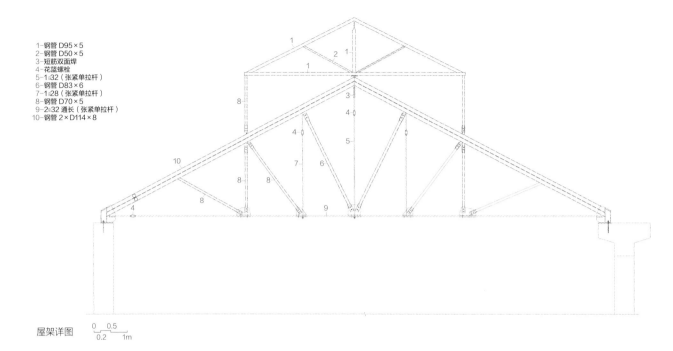

1-钢管 D95×5
2-钢管 D50×5
3-短筋双面焊
4-花篮螺栓
5-1ϕ32（张紧单拉杆）
6-钢管 D83×6
7-1ϕ28（张紧单拉杆）
8-钢管 D70×5
9-2ϕ32 通长（张紧单拉杆）
10-钢管 2×D114×8

屋架详图

```
0   0.5
  0.2    1m
```

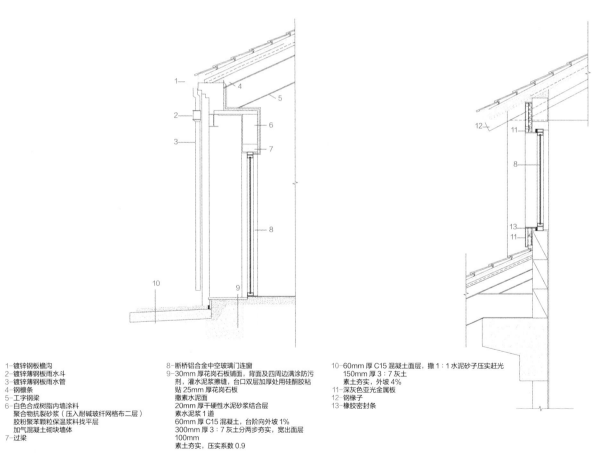

1-镀锌钢板檐沟
2-镀锌薄钢板雨水斗
3-镀锌薄钢板雨水管
4-钢檩条
5-工字钢梁
6-白色合成树脂内墙涂料
　聚合物抗裂砂浆（压入耐碱玻纤网格布二层）
　胶粉聚苯颗粒保温浆料找平层
　加气混凝土砌块墙体
7-过梁

8-断桥铝合金中空玻璃门连窗
9-30mm 厚花岗石板铺面，背面及四周边满涂防污
　剂，灌水泥浆擦缝，台口双层加厚处用硅酮胶粘
　贴 25mm 厚花岗石板
　撒素水泥面
　20mm 厚干硬性水泥砂浆结合层
　素水泥浆 1 道
　60mm 厚 C15 混凝土，台阶向外坡 1%
　300mm 厚 3：7 灰土分两步夯实，宽出面层
　100mm
　素土夯实，压实系数 0.9

10-60mm 厚 C15 混凝土面层，撒 1：1 水泥砂子压实赶光
　150mm 厚 3：7 灰土
　素土夯实，外坡 4%
11-深灰色亚光金属板
12-钢椽子
13-橡胶密封条

△ 墙身详图

```
0  0.2  0.5     1m
```

▷ 博物馆南立面的烟囱和水景

190

景德镇陶机厂
翻砂美术馆、球磨美术馆

景德镇，江西　2019—2022 年

通过保留工业遗产特色、注入现代艺术功能，将陶机厂片区的老翻砂、球磨车间改造成多功能艺术空间，实现了历史与现代的交融。简洁的内部空间布局为展陈流线提供了更多可能性。改造后的美术馆不仅服务于艺术创作与展示，还促进了艺术、生活与商业的融合，打造出具有活力的艺术生态圈，成为城市文化的新地标。

项目地点：江西省景德镇市
设计时间：2019—2021年
竣工时间：2022年
用地面积：5.3hm^2（陶机厂地块）
建筑面积：1.1万m^2
设计单位：北京华清安地建筑设计有限公司
业主单位：景德镇陶邑文化发展有限公司
摄　　影：曹百强　田方方　项目组

项目概况

项目介绍　景德镇陶机厂片区的更新定位有别于以陶瓷为主题的宇宙瓷厂，项目差异化地将"玻璃+"作为艺术衍生的路径，并融汇各类传统手工艺，旨在打造成一个充满历史人文气息、具有手作温度的艺术摇篮。

项目成果　陶瓷机械厂的翻砂车间和球磨车间始建于20世纪50年代和60年代，它们更新后分别以翻砂美术馆和球磨美术馆的新身份，重新向公众开放。作为陶机厂片区中心位置且最有特色的公共建筑，两座美术馆在空间形态和功能业态上形成了颇有趣味的互补关系，相得益彰，脱胎于老旧的工业厂房在时代焕发新生。翻砂美术馆和球磨美术馆既保留了独具景德镇特色的工业建筑风格，又在当代语境下对新的功能和空间进行了清晰和有力的表达，将历史记忆融入当代的艺术生活，为艺术从业者、爱好者、青年和学生打造艺术场所，为本地居民提供服务，也向来自世界各地的游客展示出景德镇独特的魅力。

1- 翻砂美术馆
2- 球磨美术馆

△　总平面图　　0　20　50　　100m　　▽　两馆结构与空间展示模型

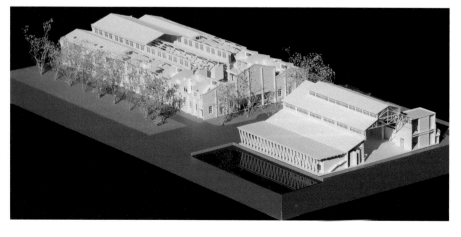

194

翻砂美术馆南侧立面

翻砂美术馆简介

更新前的翻砂车间是厂区内年代最老的建筑之一，原有的木屋架保存完整。设计对屋架进行加固和防火处理后，仍作为屋面结构继续使用，充分展示了当年的技术水平和工业美学。外观上，设计充分尊重其原有的风貌，对外立面采用老砖进行维修，针对局部坍塌损坏的地方，则采用金属板进行修补，将建筑更新延寿的历程真实地呈现出来。为了完整表现整个木屋架的内部空间，设计将原车间主体空间作为一个通高空间，不做划分。为解决美术馆的附属用房和入口空间的需求，方案将南侧贴建的二层办公用房拆除，代之以木斜撑微结构的门厅空间。其简洁明了的形式与后面的重檐坡顶的砖墙形成虚实对比，倒影水中，意趣盎然。作为陶机厂片区最重要的标识，翻砂美术馆建成后，迅速成为备受欢迎的人气打卡地，其斑驳的红砖墙、朴拙大气的立面不仅充分呼应了过去工业生产的历史，更赋予了场所独特的灵动精神。

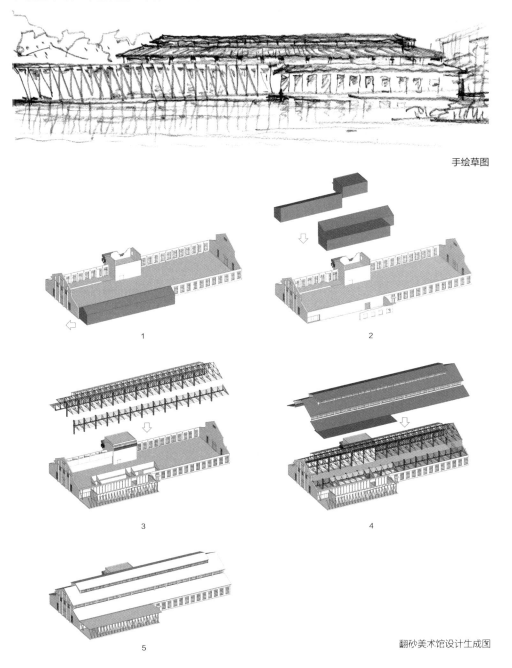

手绘草图

1

2

3

4

5

翻砂美术馆设计生成图

更新前（左）与更新后（右）的翻砂美术馆南侧立面

更新前（左）与更新后（右）的翻砂美术馆北侧立面

更新前（左）与更新后（右）的翻砂美术馆室内

△ 球磨美术馆东向入口与翻砂美术馆南侧木构架　▽ 翻砂美术馆西立面

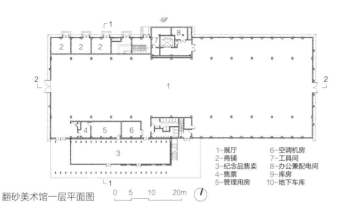

翻砂美术馆一层平面图

1-展厅　　　　　6-空调机房
2-商铺　　　　　7-工具间
3-纪念品售卖　　8-办公兼配电间
4-售票　　　　　9-库房
5-管理用房　　　10-地下车库

0　5　10　20m

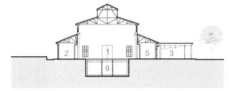

翻砂美术馆 1-1 剖面图

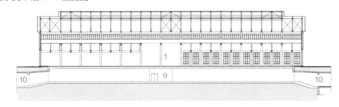

翻砂美术馆 2-2 剖面图

0　5　10　20m

翻砂美术馆南侧木构架下夜景

翻砂美术馆南侧局部立面

1-4mm 厚复合铝板包覆，木纹色喷涂
2-屋架立柱 4mm 厚复合铝板包覆，木纹色喷涂
3-铝合金电动开启窗
4-窗周边 80mm×80mm×3mm 方钢基层
5-内填 60mm 厚保温岩棉
6-内侧 12mm 厚石膏板
7-轻钢龙骨 10mm 厚水泥纤维板内置岩棉保温
8-保留混凝土外墙
9-梁底碳纤维加固保护层（20mm 高）
10-窗底部 80mm×80mm×3mm 方钢
11-原混凝土柱自带凸出混凝土块窗支座
12-12mm×100mm 高防腐木挂板叠阶固定于木龙骨上
13-附加卷材与瓦接口水泥砂浆抹光
14-20mm 厚防腐木窗台板
15-20mm×40mm×3mm 方钢骨架，外封 10mm 厚水泥纤维板
16-4mm 厚冷粘 SBS 防水卷材一道
17-30mm×40mm 木方竖向固定
18-10mm 厚钢化夹胶磨砂玻璃
19-80mm×80mm×3mm 承重方钢
20-角钢

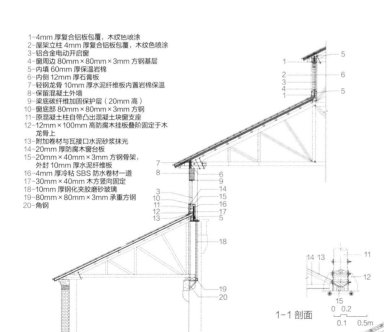

翻砂美术馆屋顶局部详图

0　0.5　1　2m

1-1 剖面

0.1　0.5m

翻砂美术馆木屋架加固详图

0　2　5　10m

1-φ130mm 杉木，其他杆件截面同原屋架
2-φ14mm 螺杆，-6mm×80mm×80mm 钢板垫片
3-φ16mm 螺杆，-8mm×80mm×80mm 钢板垫片
4-12mm 厚收紧钢销
5-钢靴
6-10mm×80mm×80mm 钢板垫片
7-钢夹板 t=10
8-原螺栓
9-补螺栓
10-φ28mm 圆钢
11-立柱拉结扁钢板
12-加劲板 t=10
13-垂直支撑
14-水平系杆
15-垫木

球磨美术馆内景

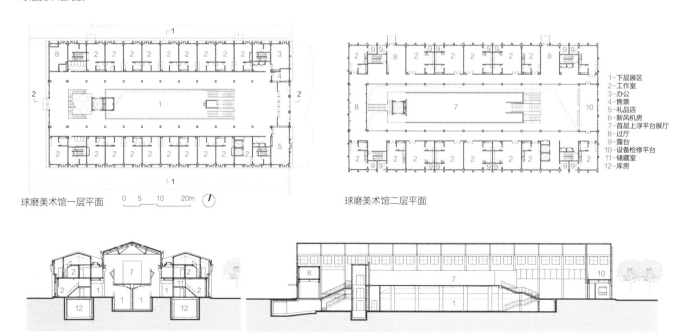

球磨美术馆一层平面　0　5　10　20m

球磨美术馆二层平面

1-下层展区
2-工作室
3-办公
4-售票
5-礼品店
6-新风机房
7-首层上浮平台展厅
8-过厅
9-露台
10-设备检修平台
11-储藏室
12-库房

球磨美术馆 1-1 剖面

球磨美术馆 2-2 剖面　0　5　10　20m

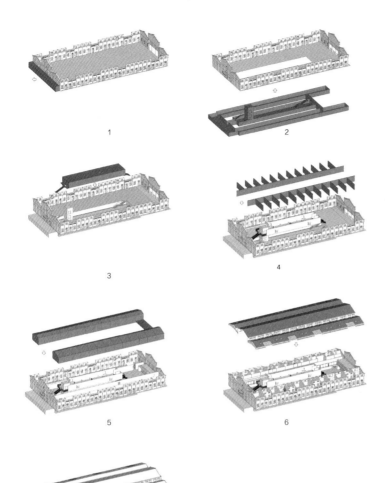

1

2

3

4

5

6

7

球磨美术馆简介

球磨美术馆的前身为球磨车间，设计拆除了车间原先西端靠人行道的一层高的贴建裙房，露出了红砖立面。另外三个立面基本保留了原来的面貌。在内部，为了更好地利用空间，设计团队在中间主体空间内开挖了地下空间，并增设了一层夹层，专门用于展览功能。同时，通过抬高南北两跨的屋顶层高，将其改造成二层结构，一层用于展览功能，二层用于办公、工作室等附属功能。中间展览空间为漂浮的白色体块，下面以T字形梁柱支撑。形成了上中下三层交错的展览空间，在流线和视觉上形成丰富的层次，打造出独特的艺术空间。南侧和北侧的艺术家工作室，为来自各地的艺术从业者提供集创作、学习、经营、交流、生活于一体的复合空间。这也是陶溪川艺术家扶持计划的一个重要环节，希望以此能够为整个园区持续造血，真正形成艺术生活高度融合的活力园区。

◁ 球磨美术馆设计生成分析　▽ 球磨美术馆内景

△ 更新前的球磨车间内部（左）更新前的球磨车间外立面（右）

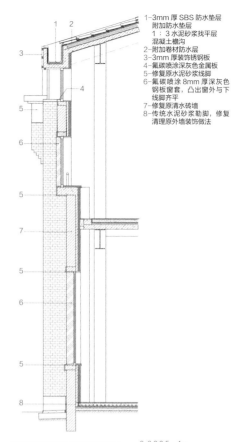

1-3mm 厚 SBS 防水垫层
　　附加防水垫层
　　1：3 水泥砂浆找平层
　　混凝土檐沟
2-附加卷材防水层
3-3mm 厚装饰锈钢板
4-氟碳喷涂深灰色金属板
5-修复原水泥砂浆线脚
6-氟碳喷涂 8mm 厚深灰色
　　钢板窗套，凸出窗外与下
　　线脚齐平
7-修复原清水砖墙
8-传统水泥砂浆勒脚，修复
　　清理原外墙装饰做法

△ 更新后的球磨美术馆南侧立面　▽ 球磨美术馆东立面

球磨美术馆南立面墙身详图　0 0.2 0.5　1m

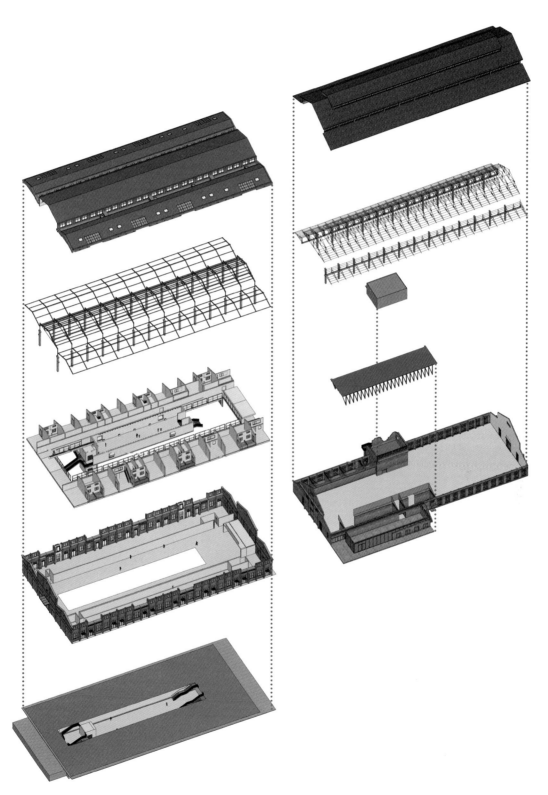

球磨美术馆、翻砂美术馆空间分析图

景德镇陶机厂
全民健身馆

景德镇，江西 2019—2022 年

　　本项目将废弃的工业装配车间改造为多功能全民健身馆，通过结构托换技术实现室内大空间，融合工业风格与现代体育设施，打造了社区体育健身与休闲服务综合体。同时，在建筑改造中通过新旧材料的融合，展现了建筑的演变历程和独特的标识性。

项目地点：江西省景德镇市
设计时间：2019—2021年
竣工时间：2022年
用地面积：5.3hm^2（陶机厂地块）
建筑面积：7550m^2
设计单位：北京华清安地建筑设计有限公司
业主单位：景德镇陶邑文化发展有限公司
摄　　影：曹百强　田方方　项目组

△ 休闲健身球场　▽ 训练比赛球场

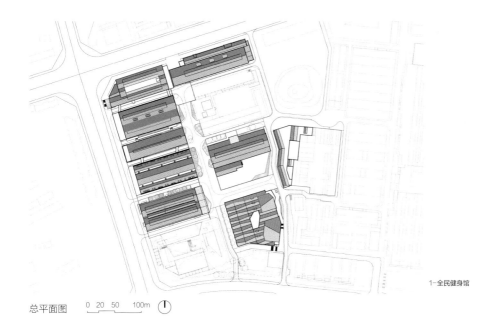

总平面图　　0 20 50　　100m

1-全民健身馆

项目概况

全民健身馆更新前是陶机厂的装配车间，东临园区的核心位置——水景广场。更新前该车间就曾出租作为周边社区的排球运动场地。基于陶机厂片区以"艺术、展览、生活"为主题的功能业态，全民健身馆延续了原有体育功能，创造性地在工业厂房中置入了3个篮球场以及相关的配套服务设施，为这里的艺术从业者乃至景德镇的市民提供了良好的体育健身活动场所。

发挥社区价值

由于建设成本高等原因，将工业建筑更新为体育建筑的案例极少。但置身在陶溪川打造艺术生活完整链条的叙事框架中，这一举措又尤为必要且意义重大。工业厂房具有高大的空间条件，经过加固的大尺度桁架、简洁的高侧天窗、保留的牛腿柱和吊车梁等工业建筑元素延续了空间内的工业风貌。全民健身馆投入使用后，多次举办面向社会的篮球比赛，拓宽了陶溪川的受众群体和影响力。为了活化东侧的广场空间，方案将东端加建了两跨的餐饮空间，以便形成与广场的渗透性强的交互界面。建筑东侧的水景广场，定期举办"陶然集"大型艺术集市，建筑的灰空间、外摆设施、景观亮化等为夜间广场与活动提供了多元艺术的背景与氛围。

室内通高空间的建构

改造前的装配车间为单层的高大厂房，设计团队在保护原有结构和基础不受影响的前提下，进行了地下室的开挖，使建筑利用率大大增加。同时，经过计算，通过结构托换技术拔掉了6根排架柱，形成了两个24m宽、36m进深的空间，结合地下层的开挖，在吹拔空间中置入了一个标准篮球场和两个篮球训练场，利用其他空间设置休息室、训练室等功能区。

建筑东部面向中心广场，设计团队参照建筑内部混凝土桁架的尺度，采用钢结构的形式打造了具备层次感的灰空间，形成了真实而独特的标识性。作为珍贵的汇聚人气的界面，东侧部分的功能布局为咖啡、酒吧、商业等，均面向街侧开放。二层平台为人们提供驻足空间，与整个中心广场形成对景。建筑材料上，在原有红砖建筑的基础上，增加了穿孔铝板、玻璃、钢等材料，使新旧材料能够在同一时空产生对话。建筑西侧临近城市道路，通过钢结构和穿孔铝板形成入口空间，方便对周边社区直接开放，为园区带来更多的人气。

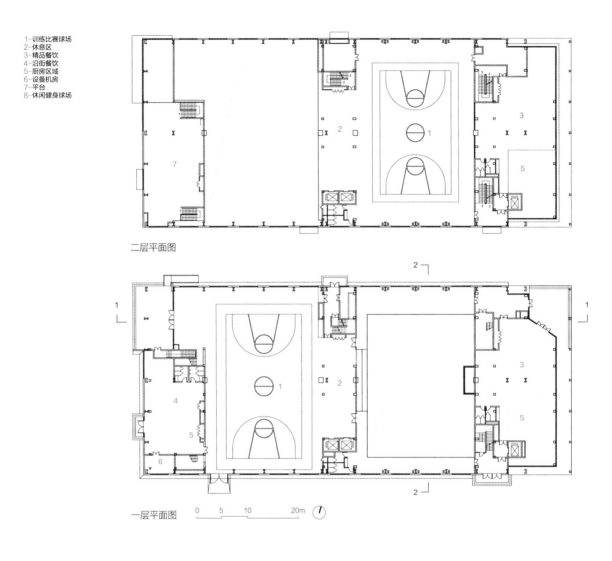

1-训练比赛球场
2-休息区
3-精品餐饮
4-沿街餐饮
5-厨房区域
6-设备机房
7-平台
8-休闲健身球场

二层平面图

一层平面图　0　5　10　20m

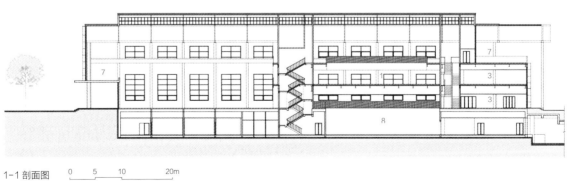

1-1 剖面图　0　5　10　20m

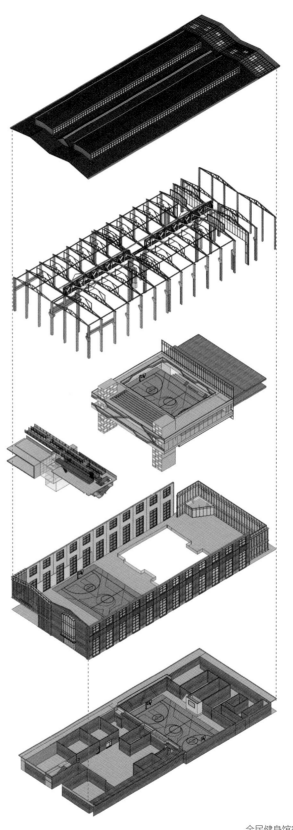

全民健身馆空间分析图

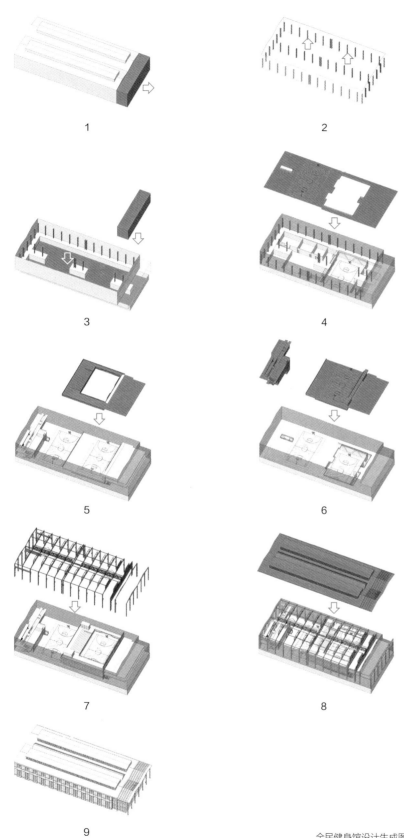

1

2

3

4

5

6

7

8

9

全民健身馆设计生成图

△ 全民健身馆西北向外景　▽ 全民健身馆东侧钢结构廊架

1-修复原有混凝土天沟
 3mm 厚 SBS 防水垫层
 附加防水垫层
 1：3 水泥砂浆找平层
 原混凝土檐沟
2-附加卷材防水层
3-30mm 厚无机保温砂浆
4-传统水刷石墙面
5-氟碳喷涂 8mm 厚深灰色钢板窗套，
 凸出窗外与下线脚齐平
6-50mm 厚岩棉龙骨内保温
7-防火封堵
8-传统干粘石墙面，修复清理原外墙装
 饰做法

现状排架柱下独立基础

改造前室内

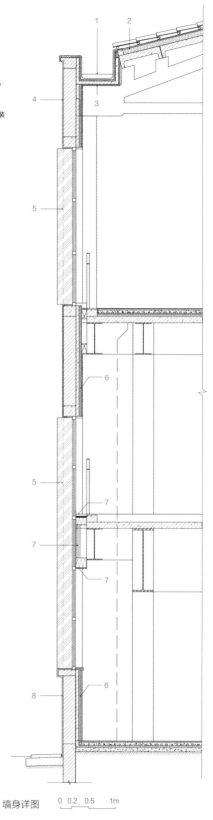

墙身详图　　　0　0.2　0.5　　1m

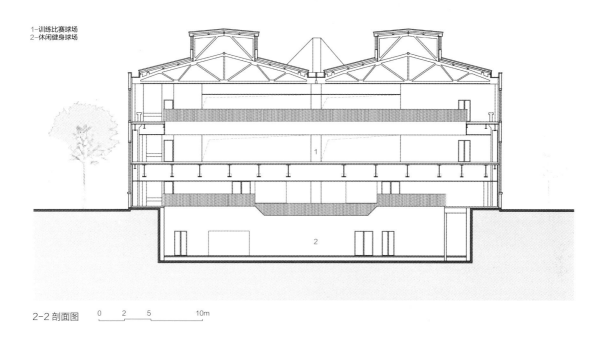

1-训练比赛球场
2-休闲健身球场

2-2 剖面图   0 2 5   10m

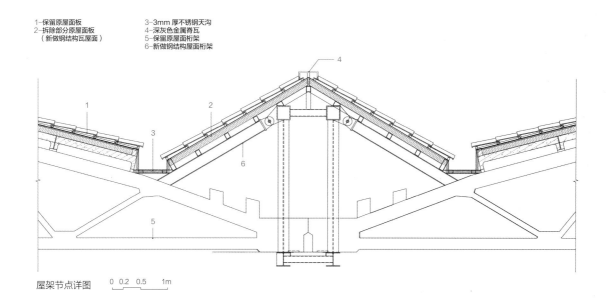

1-保留原屋面板   3-3mm 厚不锈钢天沟
2-拆除部分原屋面板   4-深灰色金属脊瓦
  （新做钢结构瓦屋面）   5-保留原屋面桁架
                        6-新做钢结构屋面桁架

屋架节点详图   0 0.2 0.5   1m

龙泉城市文化客厅

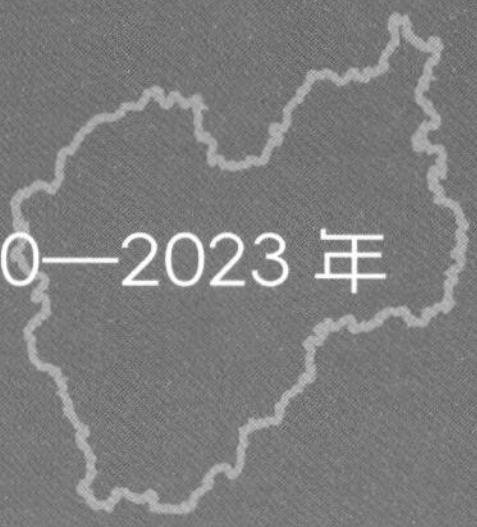

龙泉，浙江　2020—2023 年

　　尊重并融合场地独特的山水环境与工业遗存，更新形成集文化展览、休闲消费、文创平台于一体的城市名片。作为整体片区的先导部分，项目采用多样性与社群化的设计导向，以垂直组织方式取代传统功能分区，构建了国际范、强体验、混合业态的城市创意综合体，实现了传统与现代、自然与文化的有机结合。

项目地点： 浙江省龙泉市
设计时间： 2020—2021年
竣工时间： 2023年
用地面积： 3.2hm²
建筑面积： 5.7万m²
设计单位： 北京华清安地建筑设计有限公司
业主单位： 龙泉望瓯文化发展有限公司
摄　　影： 李逸　项目组

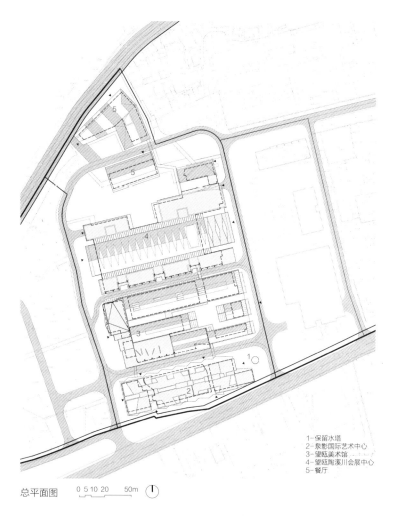

总平面图 0 5 10 20 50m

1-保留水塔
2-泉影国际艺术中心
3-望瓯美术馆
4-望瓯陶溪川会展中心
5-餐厅

项目概况

随着龙泉市高铁的贯通，龙泉独有的旅游景点吸引了大量慕名而来的游客。然而，单纯的自然景点和散落在老城内的点状文旅资源，缺少串联和整体特色，已不能满足现代城市发展的需求。本项目就是在这一目的下应运而生的。项目位于龙泉城西的兵工厂片区，处于老城的边缘，是一江两岸活力带的重要节点，可衔接龙泉老城的文化空间。同时，串联城西的部分文化产业并形成体验消费空间，既弥补了城市欠缺的功能，又可推动龙泉城市整体格局向西拓展。

项目用地北临龙泉溪（瓯江）、凤凰山，南临南秦路，形成极为独特的枕山、临水、面城的城市景观。项目占地约13hm²，最早为"龙泉农机厂"，1965年改为"小三线工具厂"，"文革"后成为东风机械厂，1997年转为"国境药厂"。地段的历史从一个侧面反映了龙泉工业发展的历程，承载着国家历史和龙泉人弥足珍贵的时代记忆。今天"望瓯·陶溪川文创街区"（龙泉城市文化客厅）的建设承载着新时期城市发展的方向和百姓对美好生活的向往。规划设计充分尊重原有的山水城市生态格局和历史肌理，并将片区融入城市功能，形成集特色文化展览、生活休闲、文创产业平台为一体的龙泉城市名片。

夜景鸟瞰

更新前现状

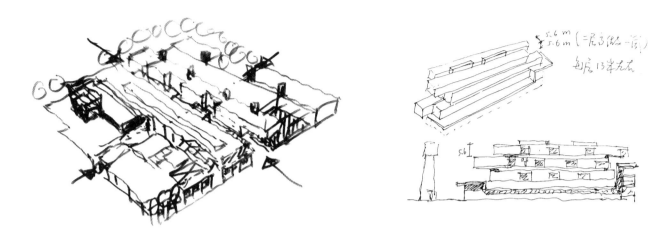

设计草图

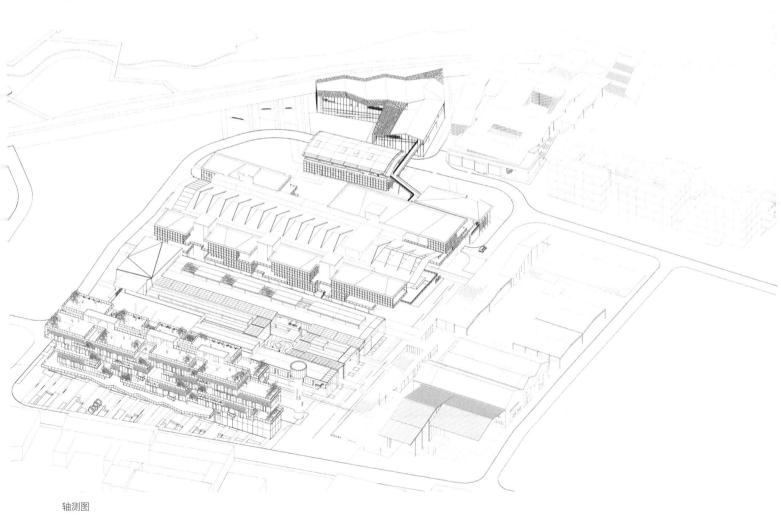

轴测图

保留树木　　保留建筑及构筑物

迁移7棵小树　　拆除结构鉴定不满足安全要求的建筑

新建建筑织补肌理　　保留建筑修缮更新　　复建钢结构建筑

保留建筑
复原建筑
新建建筑

增加连廊

设计生成

尊重山水地形的文脉设计

本项目以龙泉山水城市的文脉传承为设计原则,针对规划范围内自然资源及工业遗产资源的复杂要素,提炼出不同年代叠加的特色要素。最为突出的资源为瓯江、古树为主的水系、植被、厂房及宿舍等工业遗产,以及滨江民居。在规划设计上,严格控制沿江建筑的体量和面宽,以场地现状标高为基础,因势起伏,使山水景观视线脉络得以畅通,滨江开放空间沿绿带向城市腹地渗透。在园区内部,设计准确甄别并筛选出各个时期值得保留的要素,坚持保护优先,在建筑空间、功能、景观等方面向城市开放共享,打造共享主街和多尺度的活动广场,结合保留的树木,营造生态园林化的公共空间。

地域化的多样社群空间

设计以多样性与社群化为设计导向,探索龙泉发展文创、科创产业的重要途径,通过多元要素重叠的社群空间,构建城市"新场景"。项目核心组团在设计上采用更加包容、灵活的垂直步行交通组织方式,形成多层交错的功能分区结构模式。从泉影国际艺术中心、望瓯美术馆到望瓯陶溪川会展中心,设计上将功能体量打散并重新组合,形成竖向与水平功能叠加的聚落。二层的室外连廊联通了国际工作室、文化交流空间、艺术展览空间、社区商业空间、水岸休闲空间等,形成一个循环闭环,从而建构了一个国际范、强体验、混合业态、跨界交流的城市创意综合体。

△ 会展中心入口　▽ 会展中心南侧

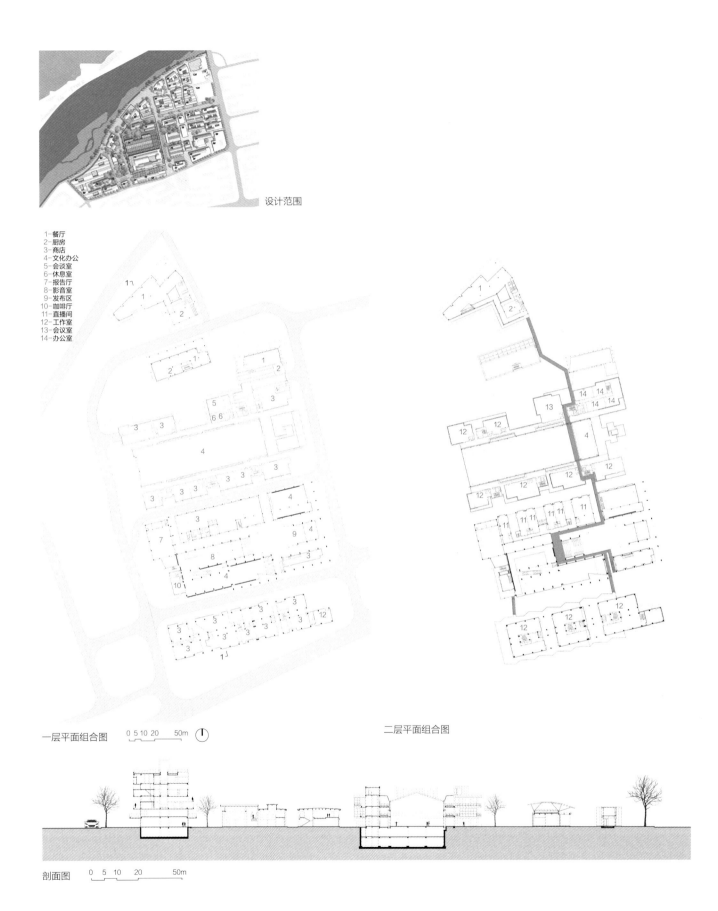

设计范围

1-餐厅
2-厨房
3-商店
4-文化办公
5-会谈室
6-休息室
7-报告厅
8-影音室
9-发布区
10-咖啡厅
11-直播间
12-工作室
13-会议室
14-办公室

一层平面组合图　　　0 5 10 20　50m　　　　　　　二层平面组合图

剖面图　　0 5 10　20　　50m

泉影国际艺术中心

结构加固施工过程

基础加固施工过程

224

△ 美术馆室内　▽ 美术馆西南角

泉影东侧广场

04

文脉织补与延续

　　历史景观、历史街区、老旧厂区等往往承载诸多时期的建设痕迹，在建筑质量、风貌等现实条件下，需通过新建建筑将片段保留织补起来，实现片区整体的保护与更新，以创造现代城市生活。系列工作利用文化空间激活片区，积极保护、整体创造，重塑街区结构与核心空间，同时坚持建筑风貌的多元统一，以文化引领，营造宜人的生活环境。

大明湖风景名胜区
扩建改造工程

济南，山东 2007—2009 年

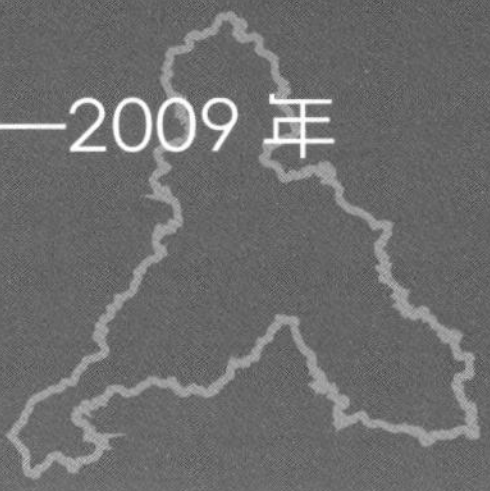

　　设计立足将"园中湖"变为"城中湖"的宗旨，将原大明湖景区作为文化景观遗产予以保护，通过拓建工程提升整个景区的文化、生态功能。设计深入挖掘场地的物质与非物质文化遗产资源，将其融入景观环境，恢复重要的文化场所与记忆。设计继承中国传统造园理论与方法，因地制宜，使扩建的小东湖与大明湖景区成为一个文化生态的整体，带动了古城活力。

项目地点： 山东省济南市
设计时间： 2007年
竣工时间： 2009年
用地面积： 29hm²
规划范围： 41hm²
设计单位： 济南市园林规划设计研究院有限公司
　　　　　　 清华大学建筑学院
　　　　　　 北京清华同衡规划设计研究院有限公司
　　　　　　 苏州园林设计院有限公司
业主单位： 济南市城市园林绿化局
摄　　影： 是然建筑摄影　项目组

△ 区位图
◁ 东扩区七桥风月水巷

项目概况

历史价值　济南大明湖坐落在国家历史文化名城济南市古城中心北部，最初是由众多泉水汇流而成的天然湖泊，北魏郦道元的《水经注》对此有最早的文字记载。隋唐时名"莲子湖""历水陂"，到金元时始称"大明湖"。大明湖与趵突泉、千佛山并称济南三大名胜，它是北方公共园林的经典案例，是济南泉城"一城山色半城湖"的重要载体。这里名人辈出，杜甫、曾巩、老舍等都在此留有佳作与趣闻，是济南城市人文与自然和谐共生的典型代表。

面临问题　济南大明湖的东南水面——小东湖曾经是大明湖的组成部分，后由于城市的不断扩张，逐渐与大明湖主要水体分隔。大明湖主体水面形成封闭的公园，而围绕着小东湖逐渐形成一片现代和传统混合的街区。2007年为迎接第十一届全国运动会，济南市政府决定启动明湖东扩工程，以恢复小东湖的历史风貌。在项目开始前，多层现代楼房已被拆除，片区内尚有一些残破的传统街巷与散落的老建筑，环境较差。如何利用这一难得的机会重建大明湖公园，并在设计上将遗产保护与湖水生态环境提升有机结合，这是工程设计的重点与难点。

项目成果　大明湖改扩建工程是国内涉及遗产保护、景观改造、生态提升等众多专业的大规模、综合性项目之一。为使大明湖从"园中湖"还原为"城中湖"，我们有效优化了古城核心区的用地结构，增加城市公共空间，保护并活化济南的历史文化景观，生动传承了泉城文化。扩建工程为济南独特的非物质文化遗产提供了展示场所，使其民俗活动、传统手工艺品等在此得到很好的展示，原有的文化场所也得以恢复。大明湖东扩工程在当时大兴绿地广场的背景下，探索了一条传承中国公共园林文化并服务当代城市生活的方法。建成后的大明湖东扩区已成为济南市民最喜爱的公共空间和重要的城市名片。

超然楼鸟瞰

△ 更新后的七桥风月景区水道——望梅溪桥

◁ 改造后的学院街——老舍纪念馆

▷ 七桥风月景区鸟瞰

济南山水系统

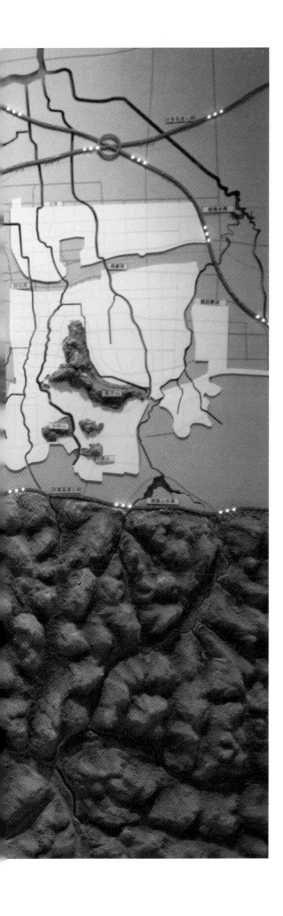

济南城厢图（民国）

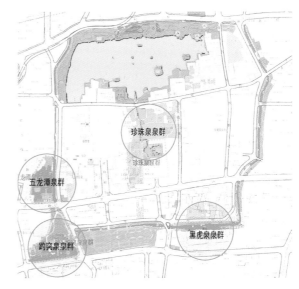

五龙潭泉群

珍珠泉泉群

珍珠泉泉群

趵突泉泉群

黑虎泉泉群

济南老城泉水系统图

恢复大明湖与古城的共生关系

历史上大明湖由城南的泉水汇流而成，并与地下水脉相通。随着城市的扩张与发展建设，一些泉眼的水径被阻断，导致大明湖与古城的生态脉络受损。景观规划疏通了湖南岸的泉水进水口，使湖水生态大为改善。本设计项目加强了湖南岸景观和古城主要南北向历史街巷间的视廊和步行联系，新开的景区入口与功能性建筑分布在这些历史街巷的尽端，引入了多样的游览交通方式和游览路线，整合了水域和陆地的景观资源。为了增强大明湖的公共性，设计开放了原本封闭的东岸区域，让"园中湖"的概念重新转变为"城中湖"。设计在有限的新增水面积的前提下，通过调整水形、延长亲水岸线，向城市开放，从而营造了城市与水岸更多的联系。

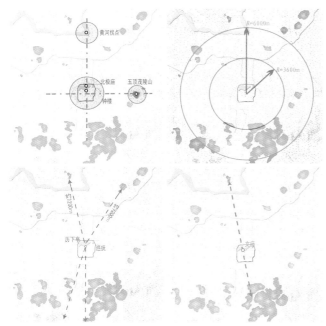

济南大明湖与周边山水分析图

济南大明湖与古城模数分析图

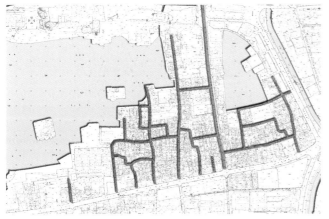

大明湖东南片区传统街巷分布图

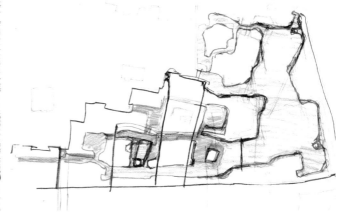

大明湖东扩片区草图

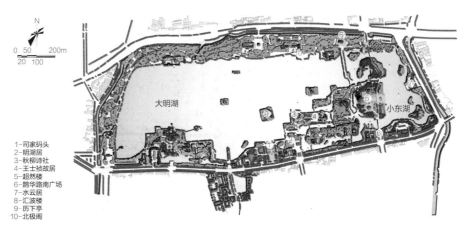

◁ 改造后的七桥风月景区

大明湖东扩工程总平面图

1-司家码头
2-明湖居
3-秋柳诗社
4-王士祯故居
5-超然楼
6-鹊华路南广场
7-水云居
8-汇波楼
9-历下亭
10-北极阁

241

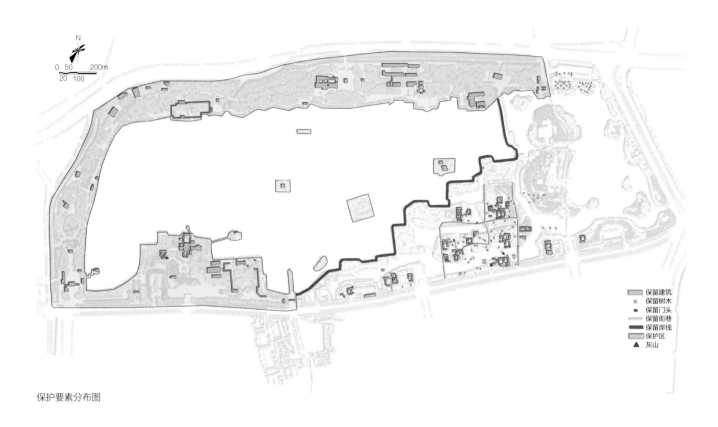

保护要素分布图

传统建筑分布图

基本完好，艺术价值较高

中度破坏，艺术价值一般

重度破坏，艺术价值一般

拟保留修复的门楼

院落边界

街巷

泉水及大树分布图

保留大树

古井

传统街巷分布图

传统街巷保存状况等级示意图

242

全面保护、充分利用历史遗存

　　尊重历史是设计的前提。设计之初团队认真查阅了历史资料，分析了大明湖原湖区东南岸线的历史景观价值，将其作为老湖区的"遗产"加以保护，同时也作为新扩湖区的边界与条件。设计将南岸和东南片区尚存的多条历史街巷作为场所记忆予以保留，并将其转化为景区内的步行道路，与新的水景环境结合，使残留在场地内的老房子得以保护与再利用成为可能。在此基础上，多处现存的传统民居或残留的民居片段得到保护利用，其中包括老舍故居、山东省图书馆、钟楼遗址等的修缮。以现存古树、古井及其他历史环境要素为核心，塑造新的景观节点，将济南独特的历史、典籍、遗存、民俗等文化内容与景观场所的设计相结合，实现物质与非物质文化遗产的有机融合与活态传承。

柳茗居与芙蓉桥构成的景观路径

保留的秋柳诗社景观节点

保留的晏公庙景观节点

从西望大明湖东扩区建成区

244

传统与创新结合的理水造园

　　大明湖是中国古代城市景观营建的范例。此次扩建改造工程中，团队对中国现存大型传统园林进行了系统研究，总结了园林在水体、园林建筑等空间尺度、形态、视廊与对景等方面的特征，并结合大明湖的历史与现状特点，因地制宜，使扩建的东湖与大明湖风景名胜区协调统一，同时也满足了现代城市游园人流大、功能类型多的需求。本设计强调新旧结合，特别是在保护延续传统风貌的基础上，利用新材料提升建筑性能，满足新的使用功能。

△ 玉斌府院落内更新后　▽ 秋柳园街更新后

245

小东湖东扩区亭榭景观织补

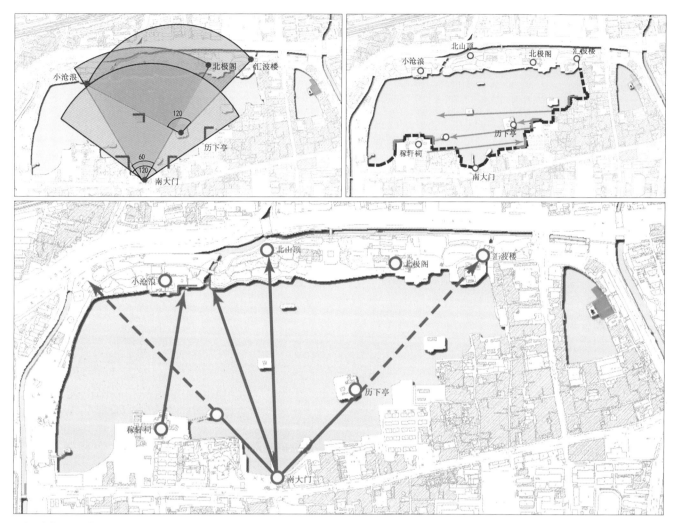

人文视角与景观视线分析图

枕泉人家节点立面图　　0 2 4 8m

247

改造后的大明湖东南区域生态环境提升

改善水环境与生物种群

本次扩建改造工程增加了水体面积和库容，在景区南部增加泉水进水口5处，提升了湖水的循环流动能力，水质也因此有了很大的改善，从劣Ⅴ类富营养化水质提高到四类水质标准。水体的透明度增加了1.5倍左右，化学需氧量（COD）和生化需氧量（BOD）等指标达到三类水质标准。设计采用了多种驳岸做法，增加了湿地及鸟禽栖息岛。这些综合的生态工程手段大大增强了大明湖的水源涵养能力，提升了济南古城泉水体系的生态环境。大明湖景区扩建前的绿地面积为15hm^2，所种植的植物共有52科、120种及变种。扩建完成后，该绿地面积扩为25hm^2，植物增至67科、251种及变种。

明湖路沿线新增南岸入水口

七桥风月水道新增入水口

醴陵渌江书院文化景观
修复与展示工程

醴陵，湖南　2010—2014 年

项目实现了对文物本体的保护与其周边环境景观的全面修复。设计依据书院、西山与渌江一体的历史景观意向，通过拆除违章建筑、恢复山体生态环境，结合地形地貌和书院八景记忆，创造性地修复历史景观环境，并融入城市，实现了遗产保护与城乡发展的有机融合。

项目地点：湖南省醴陵市
设计时间：2010年
竣工时间：2014年
用地面积：7km²
设计单位：北京清华同衡规划设计研究院有限公司
合作单位：醴陵市规划设计院
业主单位：醴陵市文物局
　　　　　　　渌江书院建设项目指挥部
摄　　影：项目组

项目概况

历史价值　全国重点文物保护单位渌江书院，位于湖南省醴陵市中心城区，倚靠西山，与醴陵老城隔渌江相望，是醴陵人心目中的"文化圣地"。书院始建于南宋，与长沙岳麓书院一脉相承，是湖南地区办学时间最长、影响最广的书院之一。南宋理学"东南三贤"吕祖谦、朱熹、张栻均曾在此坐堂会讲。明代思想家王阳明曾两度莅临，清代左宗棠担任过书院山长并从这里走上政治舞台。近代以来，书院还培养出了李立三、程潜、宋时轮、陈明仁、左权等名人。渌江书院的育人理念深刻地影响了湖南省乃至全国。

面临问题　渌江书院历史地位高、价值突出、设计范围内历史文化资源类型丰富。由于历史原因，书院受到严重破坏，特别是书院所在山体被各类民居和现代建筑压占情况严重。修缮书院、整治环境、重现湖湘人文盛景是多年来醴陵人的心愿。2015年，在社会资金参与下，政府决定实施以保护文化遗产、改善生态、优化公共空间为目的的改造工程。

项目成果　渌江书院（一期）修复工程已于2016年年底完工，书院院前的山体环境得到有效整治，景观大幅提升。2017年春节前渌江书院对市民开放，吸引了近4万名游客。2019年，渌江书院游客量达到了15万人次。2018年12月18日，渌江书院开设"渌江讲坛"，聘请了湖南大学岳麓书院国学研究院院长为荣誉山长。渌江书院与各大高校积极寻求建立合作关系，成为地方柔性引才的重要一环。

渌江书院与醴陵老城的区位关系分析图

建筑年代评价图

历史文化资源分布图

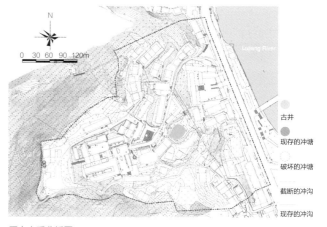

历史水系分析图

渌江书院现状分析图

1-渌江书院　　5-滨水步道
2-历史水系统　　6-渌江
3-民居和近代建筑　7-老城核心区
4-古树名木

渌江书院总平面图

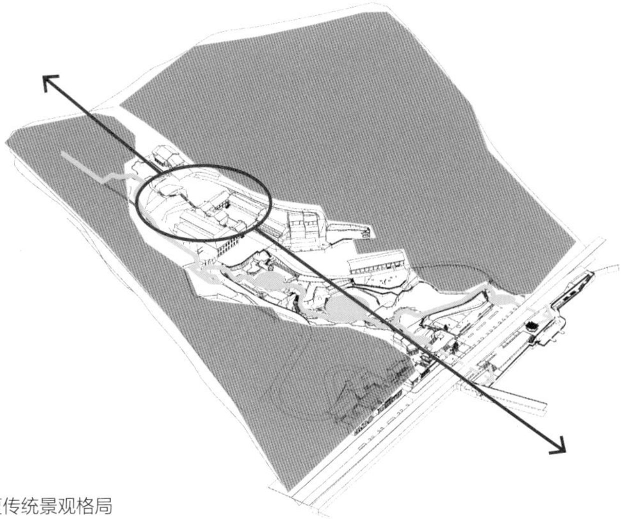

恢复传统景观格局

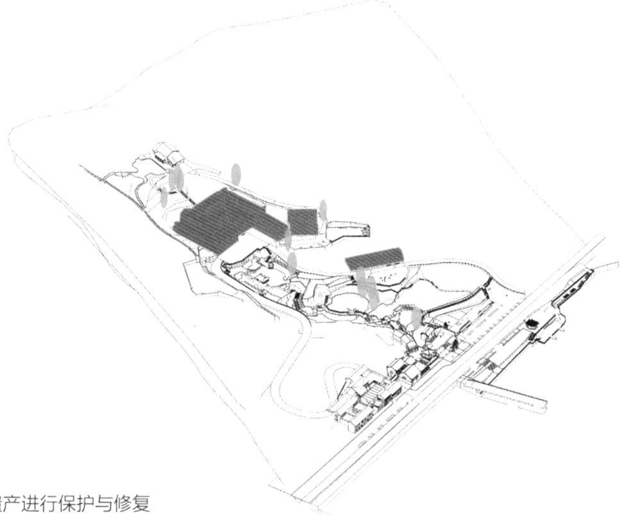

对遗产进行保护与修复

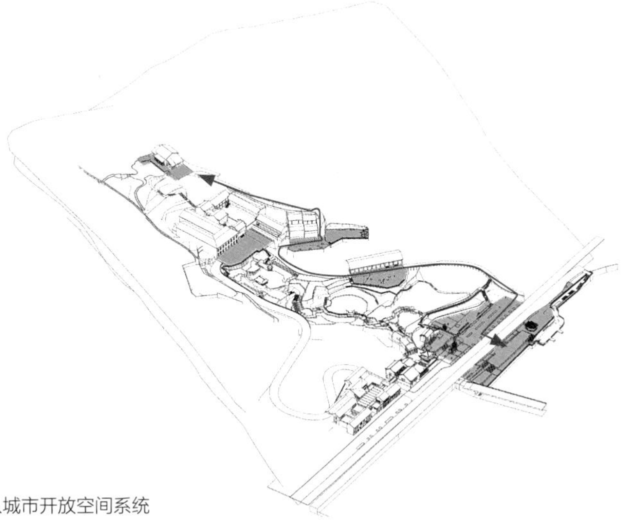

融入城市开放空间系统

统筹文物本体与文物周边环境的关系，实现全面保护

渌江书院的选址与营建堪称典范。本次设计在严格保护文物本体的基础上，强调对书院所在山水环境、选址格局的保护，并将周边权属复杂的现状用地纳入渌江书院环境整体保护整治的范畴，拆除与书院保护无关的建构筑物，修补遭到破坏的山体水体。设计结合历史文献的深入研究与价值挖掘，重构山水林田要素齐备的书院外部环境，恢复了"出世"和"隐逸"的氛围。

项目协同国土空间规划、城市设计、详细规划、文物保护、山体修复、建筑修缮与景观展示等专业，将文物保护规划和修建性详细规划同步编制上报，避免了以往不同规划因考虑问题的深度不同而无法落地实施的普遍问题，使保护要求和利用发展计划一一对应，真正实现了"一张蓝图管到底"。通过统筹机制，将文物保护工作在过程中与其他工程良性互动，从而使相关工作得以在同一周期中得到有效推进。

建成后的渌江书院恢复了传统景观格局

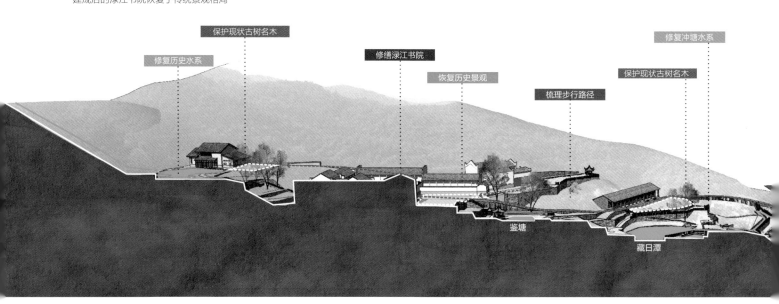

修复历史水系　　保护现状古树名木　　修缮渌江书院　　修复冲塘水系

恢复历史景观　　梳理步行路径　　保护现状古树名木

鉴塘

藏日潭

渌江书院剖面图

以历史格局为蓝本，创造性修复历史地貌与景观

自然山溪史料上称"飞流涧"，自西向东从书院南部流过，形成几处冲塘和瀑布景观。位于渌江书院门前的洗心泉更是书院选址的风水之眼。改造设计利用原有的冲沟线位，恢复自然水系。这一方面疏浚了必要的泄洪通道，另一方面沿修复的水景结构形成新的游览线路。在防洪工程方面，设计结合水系的修复，在外围设置截洪沟，保证文物在山洪暴发时的安全。在历史景观方面，设计疏通并修复被城市建设阻断的历史水系，恢复了书院"泉领三塘"的历史环境格局，严格保护了历史上一直存在的冲塘。水系工程设计上采用旱溪景观处理技术，既达到节水的目的，又再现了一种飞流涧山溪水底的历史景观。

充分尊重和修复历史地形。渌江书院位于半山腰上，依山就势，现代的城市建设对山体有所破坏，景观工程在拆除不协调的建筑后，对现状地形进行了修复和利用，形成台地格局。这样既减少了土方量，又恢复了曾有的形胜格局。

深入挖掘和创新利用本土材料和植物。工程设计在广泛学习地方营造方法的基础上，采用了一系列传统或改良构造做法，在细节上体现地域性，如牌坊的麻石用料、挡墙的毛石砌筑以及水系、场地的构造方式等都源自当地的传统。在景观植被的搭配上，尽可能采用原生植物以体现当地特色。这些工程花小钱、办大事，得到了醴陵市民的高度认可。

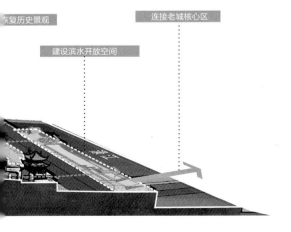

恢复历史景观　连接老城核心区

建设滨水开放空间

白虎

恢复传统景观格局后的渌江书院

渌江书院传统景观格局研究

白虎　青龙

渌江书院改造前

近现代城市建设破坏传统景观格局

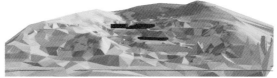

拆除或降层现代建筑，恢复传统景观格局

渌江书院
民居和近代建筑
推荐保留的历史建筑
西山

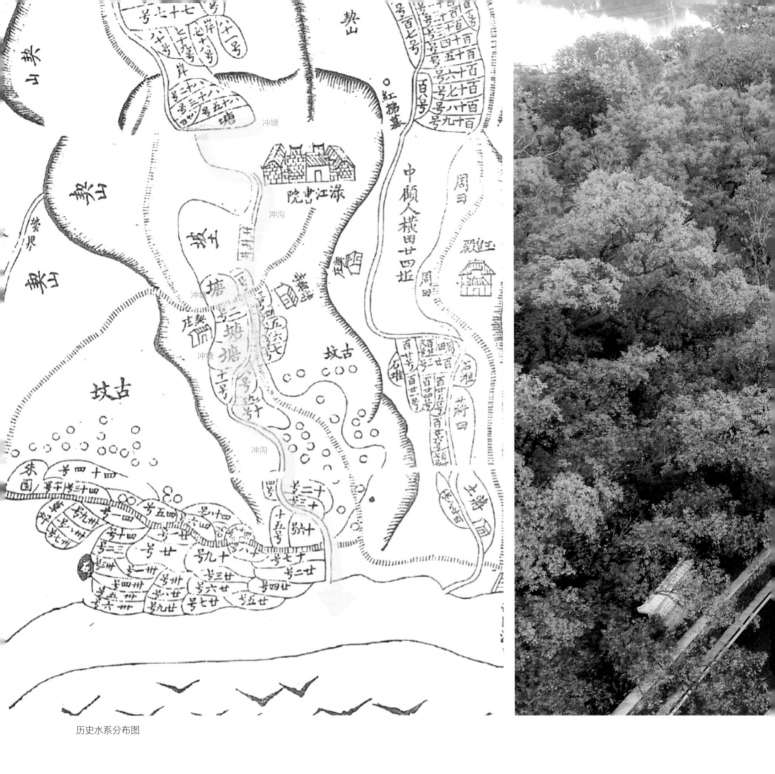

历史水系分布图

传统渌江书院融入新时代城市生活

　　设计结合新的工程条件，恢复了历史上著名的渌江书院八景，以游线串联，立体重塑了渌江书院的传统特色。同时，设计强调与城市生活服务功能的融合。一方面提升景区的开放性；另一方面通过策划文化活动和文化事件，让书院重塑活力并再现"文化圣地"的荣光。由于对整个城市的功能布局、交通组织等作了系统的考虑，项目在实现遗产保护的前提下，利用有限的空间实现了对城市功能的完善和补充，向遗产保护与城乡综合发展迈出了重要的一步。

古树名木
1000 年

冲塘

古树名木
1200 年

冲塘

根据历史资料恢复传统供水系统

更新前

恢复被掩埋的历史水系，创造滨水开放空间

通过使用传统材料、工艺、植物、技术，改善景观环境

1-传统风格栏杆
2-传统风格铺砌
3-传统工艺水系

2

3

渌江书院融入现代人日常生活

冲塘水系恢复后景观

承德迎水坝公园
景观环境整治工程

承德，河北　2016—2018 年

项目综合解决了避暑山庄世界文化遗产缓冲区的遗产保护与生态环境改善的双重问题。设计以山庄外墙、迎水坝、驿道为景观核心，重新建构了山庄与南部群山的历史景观关系。设计通过消隐地面车库、整治存量建筑和适当新建，在保护历史景观环境的同时，提升了片区的文化展示和旅游服务功能。

项目地点： 河北省承德市
设计时间： 2016年
竣工时间： 2018年
用地面积： 9.6hm²
设计单位： 北京清华同衡规划设计研究院有限公司
　　　　　　承德市规划设计研究院
合作单位： 承德市园林管理局
业主单位： 承德市自然资源和规划局
摄　　影： 杨勇　项目组

宫墙脚下生态绿地

项目概况

历史价值　承德迎水坝公园位于承德市老城的核心区，毗邻避暑山庄的主入口德汇门。地块处于承德避暑山庄世界文化遗产地向城市人工环境过渡的区域，在世界文化遗产缓冲区范围内，也是避暑山庄周边唯一一块空置用地。地段特色明显，武烈河、小热河环绕东西，且与周边山体的视廊关系保护完好，是避暑山庄"水心山骨"特征的外延。除山水形胜外，地段内历史遗存也十分丰富。避暑山庄宫墙及护坝保存较好，此外还有一孔闸、五孔闸、河神庙桥等遗存，以及多株景观大树等。

面临问题　地段现状主要面临三大问题。一是生态景观品质较低，沿小热河一带生态与游憩功能不足，滨水空间活力欠佳。二是旅游服务集散功能不足，尤其是旅游高峰期停车需求过大。商业业态、形式与现代旅游商业服务的需求不符。三是建筑风貌有待提升，地段内存在较多临时建筑，虽然大部分保留建筑的体量与周边环境较为协调，但其立面有待进一步整治。

项目成果　项目在大遗产观的指导下，以避暑山庄及周边世界文化遗产的保护为前提，综合解决了遗产和生态双重敏感带的景观、功能问题。基于对现状的详细调研和准确把握，团队从景观、建筑层面提出了详细设计，包括保留建筑立面、增加下沉停车场等改造方案。设计充分考虑了当地材料、气候、植被等情况，采用当地表现较好的早熟禾作为草坪的主要材料，与高羊茅、紫羊茅混播。树木主要使用本地树种，结合地形地势形成下凹式绿地，增加雨水集蓄，改善水质。整体方案还明确了各项建设内容和经费预算等，从经济方面保障项目的落地实施。项目建成后，得到了当地专家和市民的一致好评，也使得该区域的文化遗产价值得到了进一步的彰显。

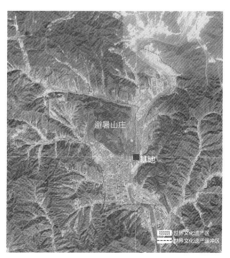

区位图

规划范围图

▷ 清《承德府志》卷一承德府志图
▽ 地块与周边山体关系图

显山露水——保护延续遗产地整体历史景观和环境格局

承德避暑山庄素有"山绕水环抱，仙庄二妙兼"的优美景观，山水环境是其不可分割的价值要素。项目地块被小热河、武烈河环绕，从地块内向东及东南向望去，山势连绵，山崖树木清晰可见。

基于对历史景观的保护与延续，总图设计首先通过模拟观山视线，明确密植乔木的高度及距离要求，确保沿宫墙望山的视廊不被遮挡、山体天际线可见。其次，方案延续小热河历史景观线性空间，营造古朴且具有历史感的空间意境，保留小热河沿线的大树，使得小热河沿线的步道、滨水平台、休憩座椅等结合大树位置布局，为游人创造舒适的滨水空间。

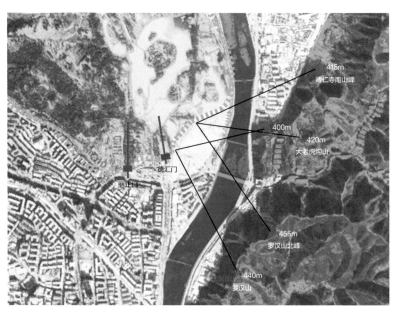

地块与周边山体视廊关系

平面设计手稿草图

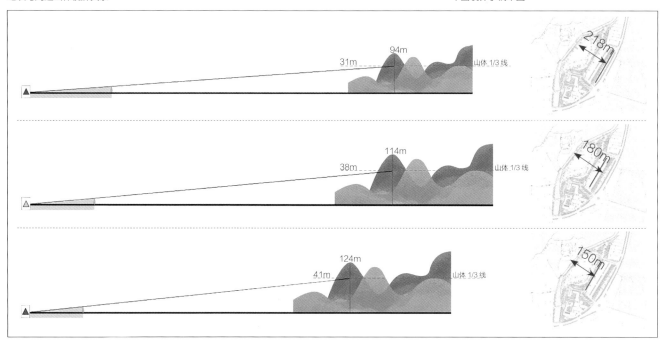

视廊分析：保证观山 1/3 视廊，种植 15m 大树所需距离

水渠更新前：亲水性差

水渠更新后：形成沿水渠的亲水空间

水渠更新前：风貌不佳

水渠更新后：营造古朴、充满历史感的空间意境

更新前：宫墙周边的步行线路不连续、功能单一

更新后：连续的山庄宫墙步行带集历史文化体验与休闲游憩于一体

通廊添绿——结合避暑山庄宫墙塑造景观绿核

承德避暑山庄宫墙是地段内最为重要的历史文化遗存之一。为了突出宫墙的景观核心地位、塑造景观绿核，总体设计提出三项具体措施。一是通过地形及种植处理，在疏林草地西侧以高大落叶乔木为主，停车场选择种植分支点高的杨树，确保山庄路望向宫墙的视线通廊畅通，并以地形为依据，通过微地形处理，降低停车场地坪，将停车区尽量消隐。二是拆除局部不协调建筑，打通沿避暑山庄宫墙的连续步行廊道。三是在宫墙东侧与停车场之间，打造具有生态休憩功能的疏林草地，留出一览宫墙全貌的视距，置身其间，可见绿树掩映宫墙，氛围古朴，空间舒朗。在疏林草地北侧种植油松等常绿树以及花灌木，丰富空间变化，并提供休憩、露营、市民活动、健身、休闲等功能场所。

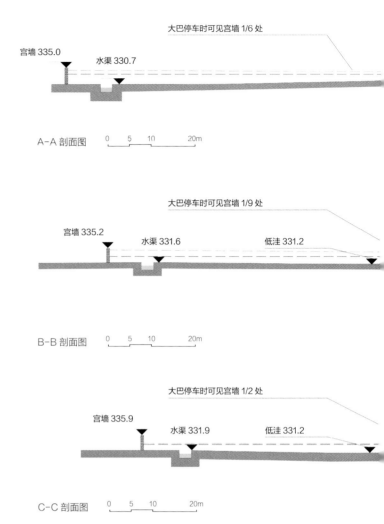

剖面位置图

剖面位置图

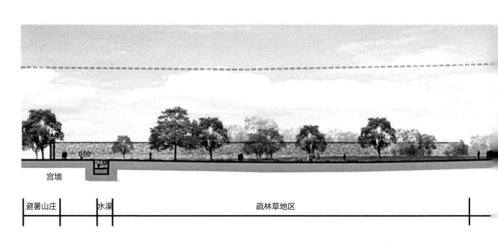

1-1 剖面图：进行地形及种植处理，以确保山庄路望向宫墙视线畅通

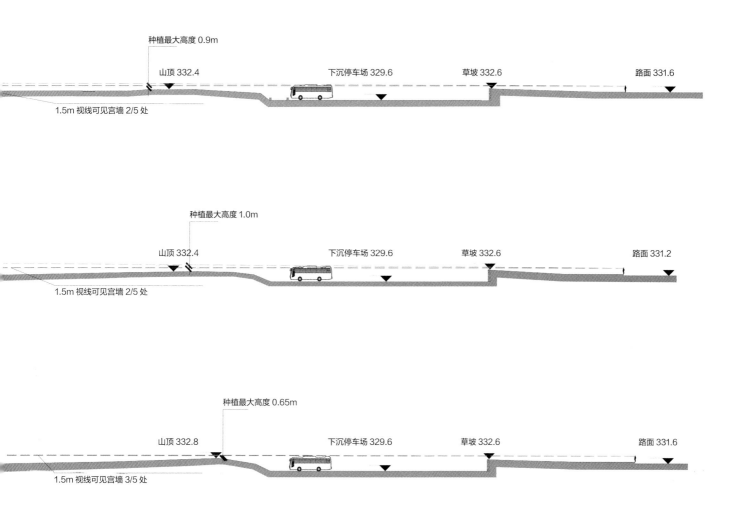

种植最大高度 0.9m

山顶 332.4 　　　下沉停车场 329.6 　　草坡 332.6 　　路面 331.6

1.5m 视线可见宫墙 2/5 处

种植最大高度 1.0m

山顶 332.4 　　　下沉停车场 329.6 　　草坡 332.6 　　路面 331.2

1.5m 视线可见宫墙 2/5 处

种植最大高度 0.65m

山顶 332.8 　　　下沉停车场 329.6 　　草坡 332.6 　　路面 331.6

1.5m 视线可见宫墙 3/5 处

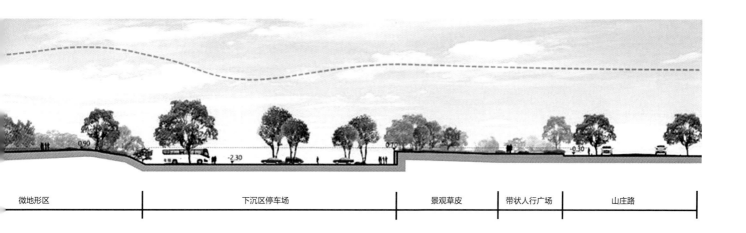

| 微地形区 | 下沉区停车场 | 景观草皮 | 带状人行广场 | 山庄路 |

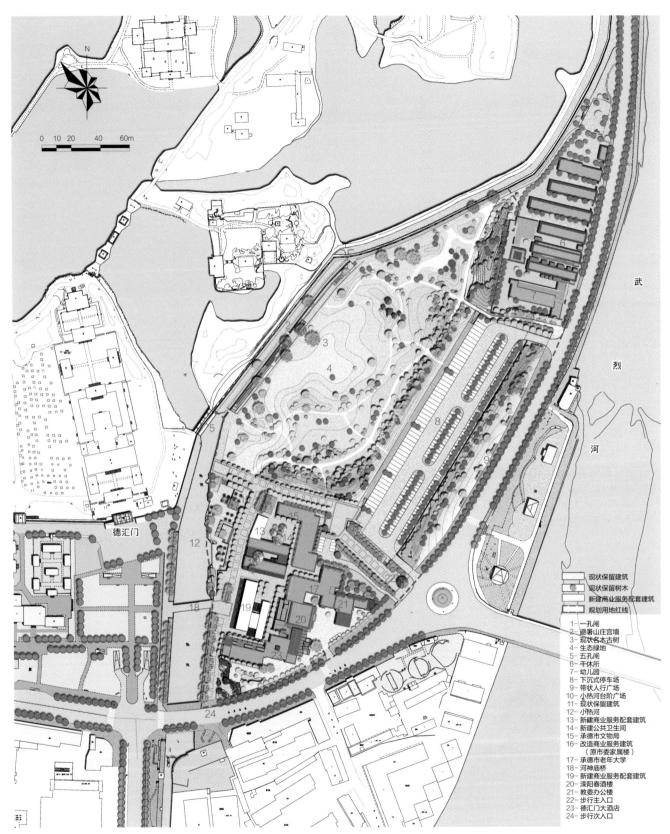

武

烈

河

德汇门

N

0 10 20   40   60m

3
4
5
6
8
9
12
13
14
15
16
17
18
19
20
21
23
24

现状保留建筑
现状保留树木
新建商业服务配套建筑
规划用地红线

1- 一孔闸
2- 避暑山庄宫墙
3- 现状名本古树
4- 生态绿地
5- 五孔闸
6- 干休所
7- 幼儿园
8- 下沉式停车场
9- 带状人行广场
10- 小热河台阶广场
11- 现状保留建筑
12- 小热河
13- 新建商业服务配套建筑
14- 新建公共卫生间
15- 承德市文物局
16- 改造商业服务建筑
　　（原市委家属楼）
17- 承德市老年大学
18- 河神庙桥
19- 新建商业服务配套建筑
20- 滦阳春酒楼
21- 教委办公楼
22- 步行主入口
23- 德汇门大酒店
24- 步行次入口

△ 规划平面图 ▷ 改造后：提供可供人游憩的宽敞草坪

建筑提质——整治利用存量建筑、植入文化展示功能

充分对接上位规划对遗产保护和建设的要求，落实并细化建筑改善的策略，对现状建筑进行分类整治，拆除不协调的建筑，缩减总建筑面积约3000m²；对建筑区整体环境进行提升设计，塑造主入口广场。结合部分建筑改造，补充世界文化遗产区的保护展示及管理功能，以及旅游集散等配套服务功能。

改造中注重对传统材料的应用，如采用当地材料紫砂岩石块作为主要材料，砌筑驳岸、挡墙、树池。石材在工厂切割完成后，经石匠打磨处理面层，呈现自然肌理。地面主要采用与宫墙相同的本地石块铺设，其间点缀紫砂岩石块，与历史环境呼应，和谐统一。设计对石块的尺寸规格组合并对表面做法进行了细致推敲，对铺设与砌筑形式进行了仔细排布，从而实现了古朴自然的效果。

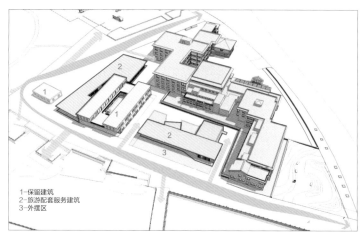

1-保留建筑
2-旅游配套服务建筑
3-外摆区

建筑功能空间分析图

挡土墙：采用紫砂岩材料

人行道：采用石材铺装点缀灰砖做法

台阶：打磨处理面层，呈现自然肌理

保护展示及管理配套建筑

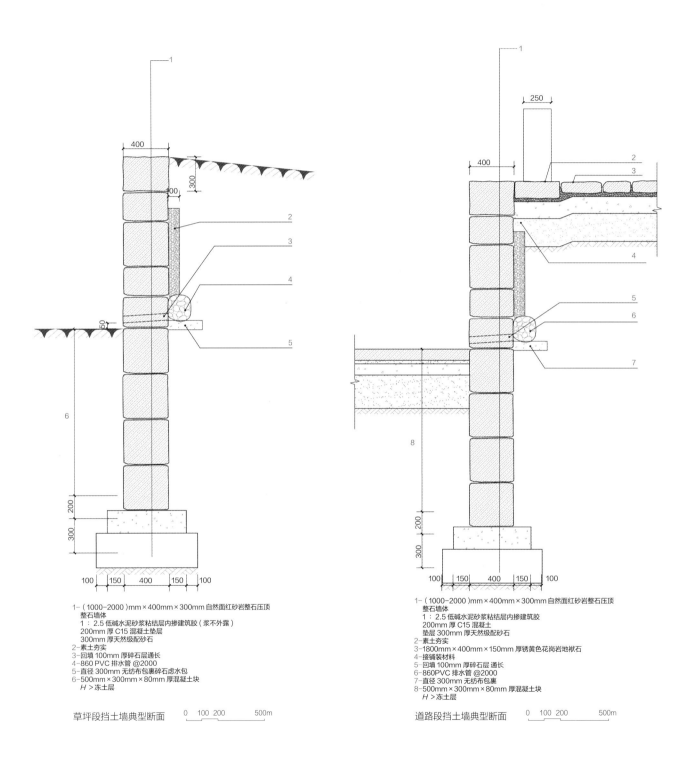

1-（1000~2000）mm×400mm×300mm自然面红砂岩整石压顶
整石墙体
1：2.5低碱水泥砂浆粘结层内掺建筑胶（浆不外露）
200mm厚C15混凝土垫层
300mm厚天然级配砂石
2-素土夯实
3-回填100mm厚碎石层通长
4-860 PVC排水管@2000
5-直径300mm无纺布包裹碎石虑水包
6-500mm×300mm×80mm厚混凝土块
  H＞冻土层

草坪段挡土墙典型断面   0 100 200   500m

1-（1000~2000）mm×400mm×300mm自然面红砂岩整石压顶
整石墙体
1：2.5低碱水泥砂浆粘结层内掺建筑胶
200mm厚C15混凝土
垫层 300mm厚天然级配砂石
2-素土夯实
3-1800mm×400mm×150mm厚锈黄色花岗岩地袱石
4-接铺装材料
5-回填100mm厚碎石层 通长
6-860PVC排水管@2000
7-直径300mm无纺布包裹
8-500mm×300mm×80mm厚混凝土块
  H＞冻土层

道路段挡土墙典型断面   0 100 200   500m

挡土墙

更新后的下沉式绿化停车场

济南老商埠
保护与更新一期工程

济南，山东　2011—2015 年

项目通过规划与建设的尺度协同，实现了城市形态与建筑类型的落地贯通。在设计上尊重小网格的城区格局与传统街巷肌理，妥善保护了商埠区以中西合璧建筑为主的、丰富多样的近代建筑类型与风貌，同时满足当代商业空间的需求，实现新旧共生。

项目地点： 山东省济南市
设计时间： 2011年
竣工时间： 2015年
用地面积： 2hm²
建筑面积： 地上3万m²，地下5.7万m²
设计单位： 北京华清安地建筑设计有限公司
北京清华同衡规划设计研究院有限公司
同圆设计集团有限公司
业主单位： 山东融汇房地产有限公司
摄　　影： 曹百强　周之毅

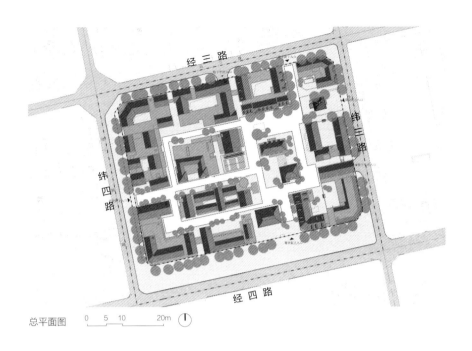

总平面图　　0　5　10　　20m　↻

项目概况

历史价值　济南商埠区始建于1906年，位于古城西侧，北依津浦、胶济铁路，南抵长清大路，东起十王殿，西至大槐树，南北长1km，东西宽2.5km，总面积4000余亩（约266.67hm²），是我国近代最早一批自主开埠的范例。该区有统一的规划和开发控制政策，经过几十年的建设，形成小网格、窄马路的城市形态特色与分工明确的城市功能布局特色，并出现了济南独特的北方里弄建筑类型，在我国近代城市建设史上独树一帜，发展至今日形成了古城、南埠区"双城并举"的济南老城格局。目前，在纬一路至纬十二路、经七路至胶济铁路之间的范围内，依然较完整地保留着商埠区的传统路网结构。在2019年批复的《济南历史文化名城保护规划》中，东至纬三路、南至经四路、西至纬八路、北至通惠街，面积约45hm²的商埠区"一园十二坊"区域被划定为传统风貌区。1950年代至1980年代，商埠区一直是济南的政治、经济、文化中心。

面临问题　随着1990年代城市中心的东移以及年轻中产人群的外迁，商埠区逐渐衰落。至21世纪初，该地区开始面临城市改造的巨大压力。商埠区传统建筑的分布特点是"宏观集中，微观分散"。多年来，商埠区虽然经历了不同尺度的建筑改造、扩建，但是整体格局仍保留着小网格街区的历史格局与传统尺度。同时，在街区中片段性保留了一些传统建筑。如何有效保护商埠区的传统建筑与整体风貌，改善人居环境，引导其有序更新与改造成为济南面临的重大课题。位于经三路、经四路、纬三路、纬四路之间的老商埠一期项目成为解决该问题的重要试点片区。

项目成果　为有效解决上述问题，团队编制了以保护控制为主导的《济南市商埠区修建性详细规划》。该规划是在商埠区已完成市区2级4类14个相关规划的基础上，整合济南老商埠城市更新产业策划成果形成的。它是一个实施引导性的规划。该规划提出了历史文化与风貌保护的要求，避免因盲目更新改造导致特色的丧失；同时在守住保护底线的前提下，统筹各项规划设计，明确发展愿景。该规划完善了济南历史文化名城的保护体系，有效控制了近十多年商埠区的开发建设。

在该规划指导下，老商埠一期保护与更新工程作为商埠区复兴的示范项目已落地实施。开始介入项目时，面对大部分已被拆除、并出让给民营企业用作开发商业街区的现状，团队以"向传统城市学习"的理念，对街区进行肌理织补、风貌传承和活力复兴。保护、织补后的街区被评为3A级旅游景区、第一批省级旅游休闲街区和济南市特色商业街区，成为济南商埠区乃至整个济南老城保护、改造与提升的示范工程，是我们对小网格历史地段织补更新的重要实践探索。

济南老商埠一期鸟瞰

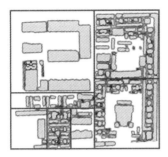
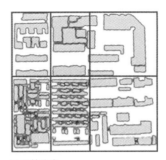
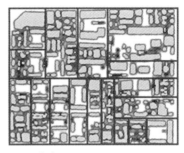

先大后小式 南北等分式 四面沿街式

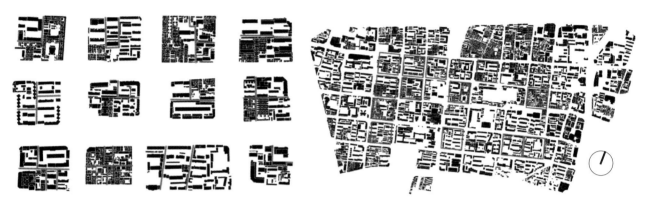

商埠区典型地块划分图

商埠区修建性详细规划对本项目设计的指导

基于历史文化价值研究，团队梳理总结出商埠区文化传承的四大价值要点，包括整体空间格局、特色街区和街坊、建筑风貌特征以及人文环境与非物质文化。规划首次对整个商埠区提出了完整的保护要素，并重点对街道格局、尺度与风貌的保护与控制制定了详细的控制导则，形成九大更新保护底线、两大风貌传承引导要素的保护传承要求。这一规划为济南历史文化名城"双城格局"的保护奠定了重要基础。

此外，规划对现状及未来的发展可能性进行了深入研判，顺应新时代城市更新工作要求，提出了系统的更新要求。其内容主要包括三个方面。第一，提升整体景观品质。第二，积极发展现代服务业。第三，改善交通和公共服务配套，提升宜居性。该规划构建了商埠区"936"保护更新实施引导规划体系、三大实施引导内容和六项支撑体系。

延续小网格城市肌理的织补更新

延续街区肌理的织补　开埠之初，商埠区借鉴西方思想制定《济南商埠开办章程》《济南商埠租建章程》和《济南商埠买地章程》，明确了由火车站往南"福、禄、寿、喜"四级递减的土地租价，以及"租地至多以十亩为限，至少亦需二亩"的土地分割出租制度。这在商埠区范围内形成160m见方、约40亩（约2.67hm²）用地的典型街区尺度，构成其七横十二纵的街道体系，并形成了街区内部先大后小、南北等分、四面沿街窄面宽大进深三种地块划分模式；街区内建筑兼具周边式、合院式特征，整体呈现低层高密度的布局，上述肌理特征延续至今，成为济南重要的城市历史景观。

团队介入之初，地块内已拆除了大部分建筑，并出让为商业用地，规划要求高度控制在4层以下。如何在定量定高的前提下延续老商埠的格局与风貌成为设计的难点。综合考虑传统小尺度的院落肌理和现代商业功能需求，项目需对街区肌理进行织补式更新，延续原有地块内由东西向主路延伸出的鱼骨状格局，并将主路中央的2座保留建筑结合周边道路整体设计为活力中心广场；由主路分割而成的南北两个地块，在原鱼骨支路的基础上将内部交通组织形成符合传统尺度风貌肌理的形式。建筑单元则控制建筑体量与商埠区整体保持一致，以坡屋顶为主，U形院落与独栋建筑错落布置，可有效控制建筑密度，提高街区游憩的舒适性，同时满足消防要求。

连续街道界面与街角的塑造　除上述肌理特点外，商埠区的街道界面平整连续，街角处多具有巴洛克切角式的特征。设计首先保留了纬四路8m的林荫步道，按照原有界面的贴线程度规划织补缺失部分的建筑，尤其保证首层建筑界面不间断；其次，控制里弄的尺度，设置过街楼、类里弄门等。通过以上措施，延续了原有界面的连续特征与步行尺度的街道感受。在街角的设计上，位于十字路口的建筑设置面向街角的入口，并采取直角切割方式，以延续老商埠片区的传统风格。

街区内部开放空间的尺度控制　本项目定位为商业街区，内部必要的开放空间是街区活力的重要载体。商埠区整体为大疏大密的格局，除中山公园等大块开敞绿地外，街块内部历史上以里弄和院落为主。因此，在避免损害商埠区传统肌理特色的前提下，设计谨慎新增街区内部开放空间，控制新增空间的尺度和肌理。

项目在地块的东、西、南、北共设置四个主要人行出入口，基本延续了原街巷的开口位置，西侧出入口与中山公园广场东入口相对；结合保留张荃生宅和原胜利旅馆设置一处25m×30m的中心广场，并用玻璃材料连接两座建筑，实现了在保留原有院落肌理的同时形成现代商业灰空间；次要开放空间结合商业、餐饮功能和保留建筑设置；西北、西南转角和沿经四路设置主要进出建筑的出入口；中心和沿主街设置尺度适宜的下沉广场，充分展现地下商业氛围。

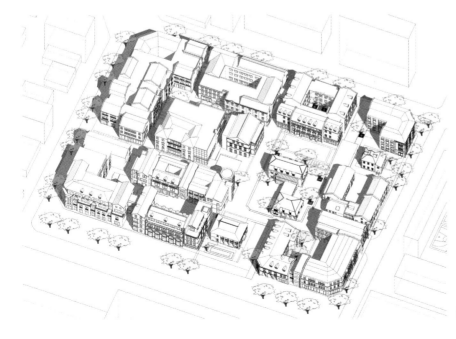

济南老商埠一期轴测图

多时期风貌传承与现代功能的结合

济南老商埠一期中部广场

项目保留了地块内仅存文物、历史建筑，恢复原有街区的肌理风貌，通过提炼传统建筑特色、结合现代建筑功能进行综合织补。

建筑类型与风貌特色提炼　商埠区作为济南城市近代化的标志性地区，集中了极为丰富的近代建筑类型。一方面，随着近代城市功能的拓展，催生了银行、邮局、车站等大量新建筑类型；另一方面，建筑的风格风貌，在清末山东地方政府主动与西方近代文明的融合碰撞下呈现出丰富多样的状态。商埠区建筑可分为中式、西式和中西合璧三种。其中，中式建筑以住宅形式居多，延续华北四合院的传统居住模式。西式建筑受德国影响较大，洋行、领事馆和职员居住用房具有典型的三段式立面。中西合璧式最为常见，此类建筑多数保留了中国传统建筑的合院形态，但在细部处理上呈现出西洋风格，或西式独栋建筑采用中式门窗等。位于经四路的德胜里即是中西合璧式建筑的典型。

济南老商埠一期南部广场

济南老商埠一期西南角新建建筑

风貌特色的传承与创新 从历史中归纳商埠区的建筑类型特征，成为织补建筑创作的重要依据。本项目通过采集、建档等工作，为该片区的风貌传承提供重要素材。首先，保护、修缮街区内4处建筑，包括1处文物建筑、2处传统风貌建筑与1处异址保护建筑；另沿袭商埠区典型建筑单元规模织补12处建筑。对于部分规模较大建筑，通过细化、丰富平面与立面单元，将建筑体量消解至与传统风貌相符。其次，在沿街建筑的处理方式上，沿用了商埠区内占大多数的中西合璧类建筑的模数，遵循传统的建筑立面构成比例以及开窗形式，并穿插使用钢、铝板等新的建筑材料来进行诠释，使得商埠区的历史风貌得以很好地延续。再次，沿街建筑屋顶形式主要为灰瓦双坡屋顶，辅以红瓦孟莎屋顶；内部建筑则多设计为红色孟莎、双坡、四坡屋顶形式；保留4处原址及异地保护建筑的屋顶材料与色彩。总体而言，使用有多样色彩倾向和形式的瓦面，以此传承商埠区多样、混合的第五立面色彩特征。

风貌传承与现代功能空间塑造 为满足现代商业空间的净高要求，同时保证建筑外观符合传统风貌，通过大板、反梁等结构措施，将建筑首层的层高提升至4.2~4.5m，并保证二层、三层的层高与传统建筑保持一致，达到新功能与老风貌融合共生的最终目的。

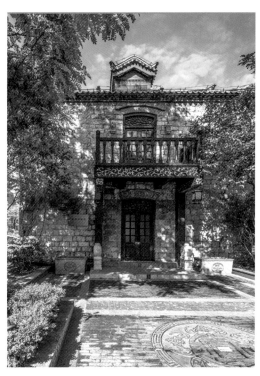

区级文物保护单位张荃生宅

济南老商埠一期两处传统风貌建筑

地下空间的利用与工程措施保障

该项目在兼顾地上建筑风貌的基础上，高效利用地下空间，解决了该片区停车空间严重不足的问题。设计综合考量经济性和实用性，首先精细调整结构柱网的布局和尺寸，不仅确保了地下停车场的空间利用率最大化，还减少了因结构衔接带来的成本增加和空间浪费；同时，客观上提高了地下空间的净高，保证停车空间的舒适性，此外也为未来可能的改造升级预留了空间。其次，文物周边的地下空间开挖时使用钢板桩支护，既保证了施工安全，又有效防止了开挖活动对文物本体的影响。再次，通过降板增加覆土厚度，为乔木等植物的种植提供了足够的空间，从而丰富了街区景观，提升了绿化覆盖率。

济南老商埠一期西入口

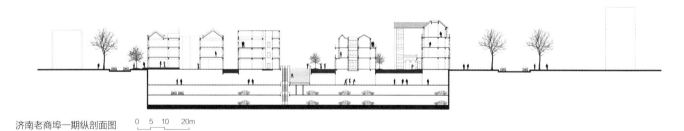

济南老商埠一期纵剖面图　　0 5 10 20m

济南老商埠一期横剖面图　　0 5 10 20m

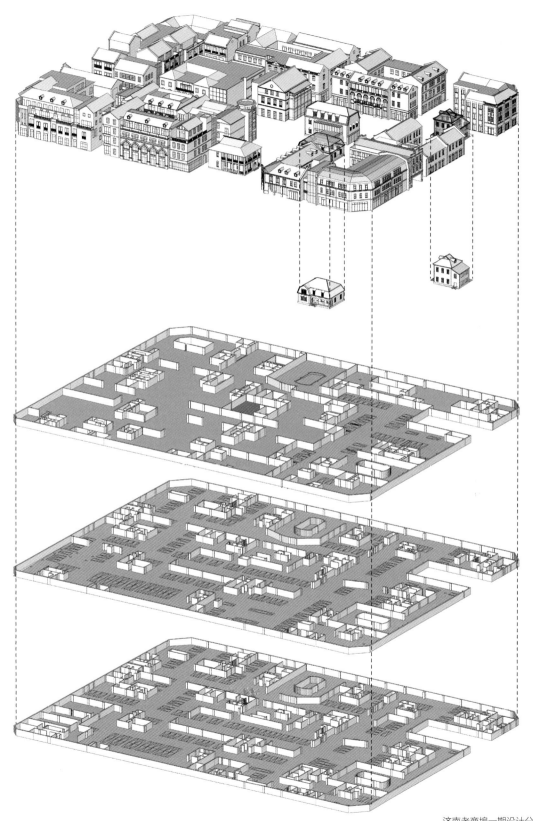

济南老商埠一期设计分析图

293

◁ 济南老商埠一期南入口广场西侧新建建筑　△ 保留传统风貌建筑原皮肤病医院　▽ 济南老商埠一期东北角街景

嘉善梅花坊
历史街区更新一期工程

嘉兴，浙江　2021—2023 年

项目在嘉善老城"梅花坊"城市客厅总体设计下，利用老建筑更新和新建建筑，打造老年服务中心。设计在尊重旧有灰砖建筑的基础上，探索新江南建筑的意向，实现了保护与创新的融合。

项目地点： 浙江省嘉兴市
设计时间： 2021年
竣工时间： 2023年
用地面积： 6570m²
建筑面积： 1.5万m²
设计单位： 北京华清安地建筑设计有限公司
业主单位： 嘉善全域文化旅游发展有限公司
摄　　影： 李逸

一期
1-多功能厅（保留建筑）
2-商务办公楼
二期
3-旅馆
4-商业
4a-商业（保留建筑）
5-亭子
6-吴镇墓（全国重点文物保护单位）

总平面图　　0 10 20　50m

项目概况

历史价值　浙江省嘉善县自然环境资源丰富，元代有著名的嘉禾八景，形成了因河而兴、因商而立、因仕而名的历史发展脉络，造就了别具特色的中国江南水乡风光。该项目总占地面积47860m²，位于嘉善县老城核心区。其中，元代四大家之一的吴镇墓家位于其旧宅梅花庵内，东侧紧邻项目用地，是全国重点文物保护单位，也是重要的文化要素。

面临问题　项目首先妥善处理改造后的景观环境、功能等，使其符合国家重点文物保护单位的保护与控制要求。嘉善县极其重视社群中老年人的日常生活和社群活动，一直努力改善与提高全县老年人的生活质量，增强社会对该群体的关注度。尤其是老城区，是老年人生活的密集场所。但由于老城区建筑密度较大，年代久远，用地紧张，周边环境复杂，市政配套落后于现行标准，一直缺少专门为老年人服务的活动场所，只能借用政府一些老旧办公场所为老年人使用。

项目成果　项目设立之初被命名为梅花坊，是以江南水乡结合吴镇绘画意境和善文化精神为核心的城市客厅，它包括文化展览、非遗展示与商业、老年服务中心、园林，以及地下车库等。处于国家重点文物保护单位建设控制地带内的用地布置为以水景为主的园林。整个工程分三期实施。其中，一期工程位于北部，用地面积6750m²。借助老城复兴契机，为嘉善老年人在老城核心区"梅花坊"项目中建设一个固定的服务场所。老年社群不仅需要物质上的满足，而且需要精神上的追求。该项目的落成，不仅满足老年人的功能需求，同时让老年社群建筑充满艺术感，使老城社区结构完整，做到了对全年龄段社员的关怀。

北侧沿街立面

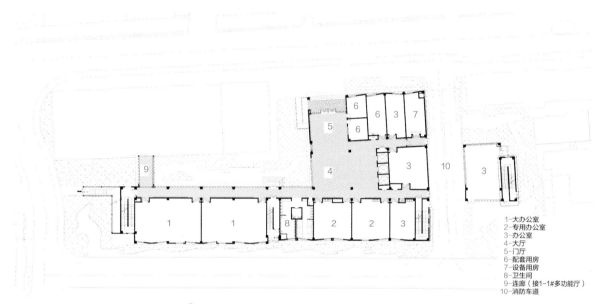

商务办公楼首层平面图　　0 5 10 20m

1-大办公室
2-专用办公室
3-办公室
4-大厅
5-门厅
6-配套用房
7-设备用房
8-卫生间
9-连廊（接1-1#多功能厅）
10-消防车道

商务办公楼沿街北立面图　　0 5 10 20m

通过材料本身色彩呼应嘉善江南水乡粉墙黛瓦的传统意境

设立老年大学，提升社区价值

为了在有限的用地上安排尽可能充足的使用面积，为老年人提供较好的服务，方案在空间上采取了密度较大的布置方式，充分利用地块面积。同时，为了融入"梅花坊"的整体肌理，设计将较大的建筑体量切分成四块，并通过错动的屋顶与变化的形体进一步削弱尺度。通过过街楼的形式形成一个入口空间，作为未来整个"梅花坊"片区面向城市道路的北入口。在色调材质处理上，一方面采用当代的构图形式，塑造艺术感，另一方面使用金属、涂料、灰砖等材料，通过材料本身色彩呼应嘉善江南水乡粉墙黛瓦的传统意境。

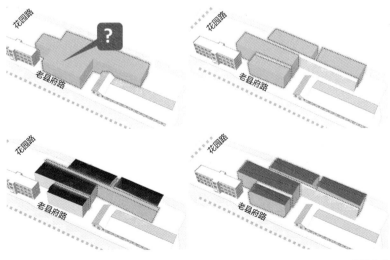

设计生成

通过错动的屋顶及变化的体形消弱建筑尺度感

折叠和错落的坡面形式，营造现代的艺术氛围

新旧建筑融为一体

　　原保留建筑一直作为老年活动室使用，新建筑与其织补成为完整的功能空间。新老建筑临近处的建筑材料，采取与保留建筑砖瓦颜色接近的青砖与深色金属，做到新旧呼应。其中，保留建筑的砖在使用过程中经过历次翻修，已成为建筑历史要素的一部分。项目保留了砖瓦原有的铺设方式，延续了场所记忆。

保留建筑与新建建筑织补成为完整的功能空间

新建建筑局部立面

保留砖瓦原有样式，延续场所记忆

新建建筑沿街立面

保留建筑多功能厅与新建建筑商务办公楼围合成内庭院空间，满足交流需求

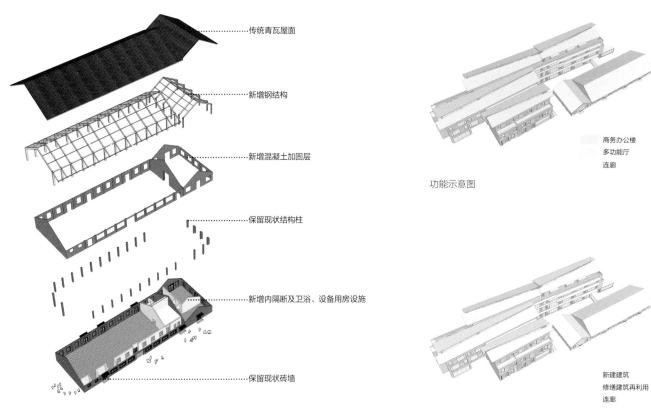

传统青瓦屋面

新增钢结构

新增混凝土加固层

保留现状结构柱

新增内隔断及卫浴、设备用房设施

保留现状砖墙

多功能厅建筑更新策略

商务办公楼

多功能厅

连廊

功能示意图

新建建筑

修缮建筑再利用

连廊

新旧建筑对比图

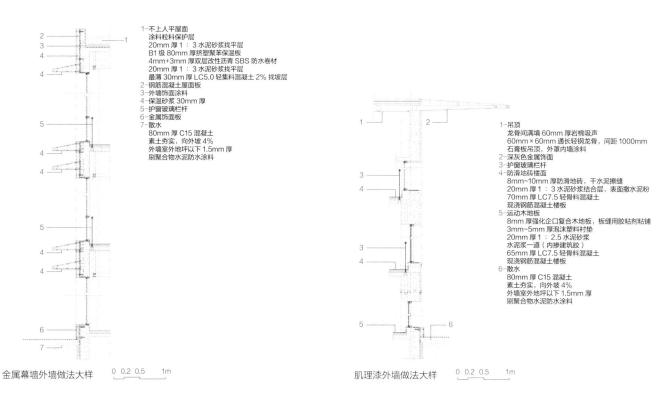

1-不上人平屋面
　涂料粒料保护层
　20mm 厚 1：3 水泥砂浆找平层
　B1 级 80mm 厚挤塑聚苯保温板
　4mm+3mm 厚双层改性沥青 SBS 防水卷材
　20mm 厚 1：3 水泥砂浆找平层
　最薄 30mm 厚 LC5.0 轻集料混凝土 2% 找坡层
2-钢筋混凝土屋面板
3-外墙饰面涂料
4-保温砂浆 30mm 厚
5-护窗玻璃栏杆
6-金属饰面板
7-散水
　80mm 厚 C15 混凝土
　素土夯实，向外坡 4%
　外墙室外地坪以下 1.5mm 厚
　刷聚合物水泥防水涂料

金属幕墙外墙做法大样

0 0.2 0.5　　1m

1-吊顶
　龙骨间满填 60mm 厚岩棉吸声
　60mm×60mm 通长轻钢龙骨，间距 1000mm
　石膏板吊顶，外罩内墙涂料
2-深灰色金属饰面
3-护窗玻璃栏杆
4-防滑地砖地楼面
　8mm~10mm 厚防滑地砖，干水泥擦缝
　20mm 厚 1：3 水泥砂浆结合层，表面撒水泥粉
　70mm 厚 LC7.5 轻骨料混凝土
　现浇钢筋混凝土楼板
5-运动木地板
　8mm 厚强化企口复合木地板，板缝用胶粘剂粘铺
　3mm~5mm 厚泡沫塑料衬垫
　20mm 厚 1：2.5 水泥砂浆
　水泥浆一道（内掺建筑胶）
　65mm 厚 LC7.5 轻骨料混凝土
　现浇钢筋混凝土楼板
6-散水
　80mm 厚 C15 混凝土
　素土夯实，向外坡 4%
　外墙室外地坪以下 1.5mm 厚
　刷聚合物水泥防水涂料

肌理漆外墙做法大样

0 0.2 0.5　　1m

▷ 建筑西立面

△ 不同角度坡屋面的变化

▽ 建筑西立面　▷ 室内空间

景德镇陶阳里
彭家弄作坊院

景德镇，江西　2018—2021 年

设计从景德镇老城整体保护的角度，将项目作为制瓷作坊院活化的触媒，以院落为基本操作单元，通过"保护–修复–再利用"的模式解决该片区面临的空间、功能和社会问题，探索具有推广价值的保护更新方式。

项目地点： 江西省景德镇市
设计时间： 2018年
竣工时间： 2021年
用地面积： 2.5hm²
建筑面积： 6.4万m²
设计单位： 北京华清安地建筑设计有限公司
　　　　　　北京清华同衡规划设计研究院有限公司
　　　　　　北京清尚建筑设计研究院有限公司
业主单位： 景德镇陶阳置业有限公司
摄　　影： 曹百强　田方方　项目组

项目概况

历史价值　彭家弄作坊院坐落于陶阳里历史文化街区内，位于御窑厂北侧，占地面积3400m²。御窑厂是明清两代为供应宫廷所需陶瓷而设的机构，其所在地域和产业均是景德镇的核心。作坊院是景德镇特有的建筑形式，最初的发展基于景德镇御窑厂"官搭民烧"的产业结构，即在御窑厂制定瓷器标准，再由周边的民窑作坊完成制坯、成型、烧制等工序。作坊院作为景德镇陶瓷手工业发展的空间场所，功能集生产、居住、商业为一体，是官民合作的陶瓷生产体系的重要见证，也是景德镇传统的城市空间的重要组成要素。地块内只有少数传统民居保留较完整，坯房等其他建筑几经改建，破坏严重，且经过几次火灾。经初步考古探查，地下可能为元代明初官窑遗址，地上地下的文物和遗存皆具有重要的保护价值。

面临问题　随着19世纪末传统手工生产模式的衰落，许多民间窑厂纷纷倒闭，彭家巷与许多作坊或被遗弃或被滥用，因缺乏维护而破败不堪，老城失去了昔日的辉煌。项目面临两大挑战：一是如何保护独特手工艺的历史记忆，二是如何改善生活环境，吸引现代功能，促进社区活力。

项目成果　本项目包括修缮原有历史建筑和在场地内局部空地上新建一栋单体建筑，并进行了基础设施改造和建筑设备提升。织补更新后的彭家弄作坊院承担了住宿、商业、文化展示等复合的城市功能。酒店部分与一巷之隔的御窑遗址形成对景关系，实现了建筑的新老对话。项目的落成带动了周边社区经济的发展，使御窑厂周边片区重新焕发活力，同时提升了街区形象，促进了街区整体的经济复苏。

区位图

更新后的彭家弄作坊院与景德镇老城融为一体

更新后的吴家老宅入口

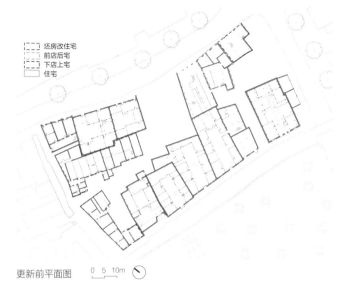

坯房改住宅
前店后宅
下店上宅
住宅

更新前平面图　　0　5　10m

更新前航拍

最小干预原则

团队在设计过程中秉持最小干预原则，保护从明清时期的瓷器作坊的物质空间发展至今的历史脉络。通过空间格局、建筑风貌与功能的恢复与品质提升，实现了现代功能与传统风貌的和谐共生。运用建筑测绘、结构检测及环境模拟等方法，辅助设计，采用合适的建筑构件与材料，确保修复科学准确。

建筑功能的最小干预指单体建筑尽量沿用原有功能。南侧沿彭家弄的天井院落原本为民居，部分院落修缮后作为酒店使用，为旅客提供传统的居住体验。东北沿街铺面延续原有的商业功能，成为城市沿街活力界面。院内的空地遗存有传统制瓷业的工作场所遗址——晒架塘，经修缮后作为重要的景观要素予以展示。该区域作为历史展示和户外公共空间，定期举办相关活动，介绍景德镇御窑周边街区的历史。

建筑风貌的最小干预指修缮不改变原有建筑类型的风貌。在建筑结构上，依据前期详实的测绘成果，尽可能保留建筑大木作与外墙，在保证建筑风貌的前提下对屋架和外墙进行结构加固。对于小木作部分，尽可能保留建筑历史信息，修复和替换残损构件。建筑修缮的部分由本地老工匠采用传统技艺完成，采用榫接、墩接等方式，最大程度使用旧梁架，既实现了老旧建材的低碳再利用，又最大程度地保护了历史记忆的载体。在材质上，优先使用原构件，缺失部分则按原样补配，选用当地冷杉及旧窑砖，新木材只刷清漆，与旧木料对比明显。所有新建建筑和加建结构都采用现代轻钢结构，并显露结构形式，与修缮保护的历史建筑及其部件形成既可辨识，又可融合的有机体。

1-大堂
2-商铺
3-客房
4-消防控制室
5-办公用房
6-布草间

更新后首层平面图　　0　5　10　20m ⊥

更新后航拍

△ 更新前（左）与更新后（右）彭家上弄沿街立面　▽ 更新前的庭院（左）与更新后的开放式庭院（右）

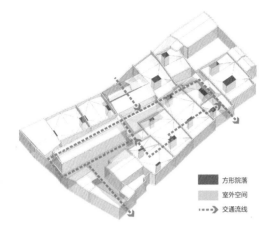

空间图示

图例：
- 方形院落
- 室外空间
- 交通流线

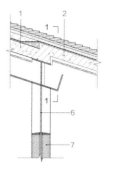

1-1 剖面

1-小青瓦
　1：1：4 水泥白灰砂浆加 3% 麻刀卧浆
　30mm 厚 1：3 水泥砂浆
　60mm 厚 B1 挤塑聚苯板保温层
　2mm 厚 SBS 防水涂料
　15mm 厚 1：3 水泥砂浆找平层
　120mm 厚现浇钢筋混凝土屋面板
2-小青瓦
　1：1：4 水泥白灰砂浆加 3% 麻刀卧浆

30mm 厚 1：3 水泥砂浆
2mm 厚 SBS 防水涂料
15mm 厚 1：3 水泥砂浆找平层
120mm 厚现浇钢筋混凝土屋面板
3-金属装饰凹槽，外刷深灰色涂料
4-室外景观灯
5-木装饰板
6-十字型钢柱，厚度 12mm
7-胶合木拼接

钢木拼接柱详图　　0　0.2　0.5　　1m

新建建筑与加建结构

图例：
- 新建建筑
- 加建结构的适应性再利用

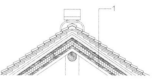

80　120　80

1-小青瓦
　1：1：4 水泥白灰砂浆加 3% 麻刀卧浆
　30mm 厚 1：2.5 水泥砂浆
　36mm×8mm 压毡条，中距 600mm
　4mm 厚 SBS 改性沥青卷材

20mm 厚木望板
60mm×60mm 木方 @600mm
内填 60mm 厚 B1 级挤塑聚苯板保温层
20mm 厚木望板
30mm×80mm 木椽子 @200mm

屋脊详图　　0　0.2　0.5　　1m

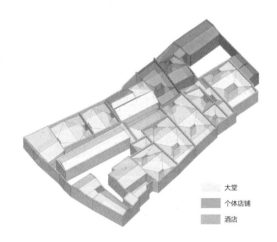

功能图示

图例：
- 大堂
- 个体店铺
- 酒店

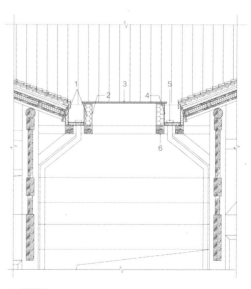

1-填充岩棉
2-270mm×100mm 方钢，外侧木色氟碳喷涂
3-8mm+8mm 钢化夹胶玻璃
4-1.5mm 厚不锈钢板天沟
5-天沟支架
6-100mm×100mm 木梁

天沟详图　　0　0.2　0.5　　1m

开放庭院

△ 餐厅　▽ 客房

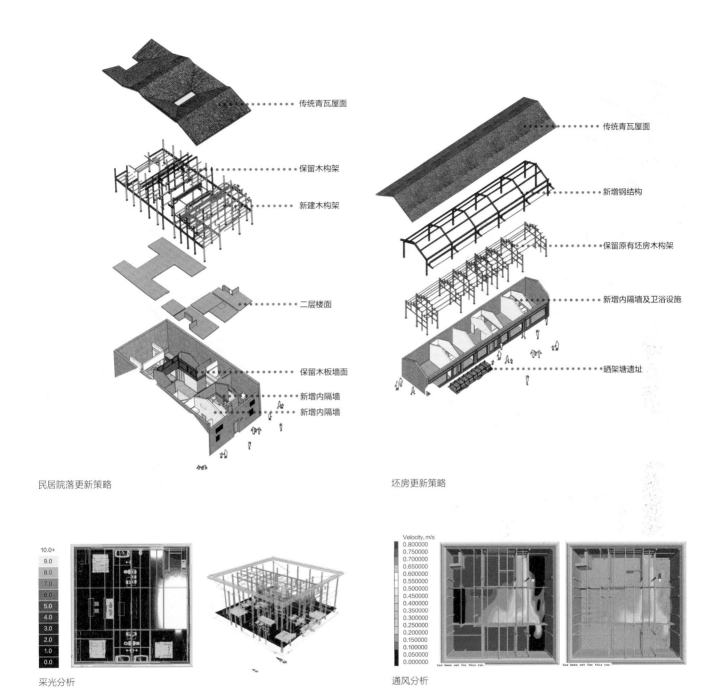

传统青瓦屋面

保留木构架

新建木构架

二层楼面

保留木板墙面

新增内隔墙

新增内隔墙

民居院落更新策略

传统青瓦屋面

新增钢结构

保留原有坯房木构架

新增内隔墙及卫浴设施

晒架塘遗址

坯房更新策略

采光分析

通风分析

模拟支撑设计与DIBO全过程跟进

为了提高建筑物的质量和安全性，基于Ecotect软件模拟分析现状建筑的室内光环境、自然通风的特征，基于PyroSim和 Pathfinder软件模拟分析火灾和人员疏散情况，以支持适应性设计。项目整体通过D（设计）I（投资）B（建造）O（运营）工作方法，前期对建筑历史、结构安全进行研究；设计过程中广泛征求业主和周边社区的意见；施工过程中对建造过程全程指导并随时解决问题；交付使用后，对经营方的经营管理提供了干预引导，确保了建筑及其环境的后续完整性。

保留的晒架塘（上）　更新后的彭家上弄（下）　　　　　　　　　　　　　　　　更新后的斗富弄

景德镇建国瓷厂综合服务中心

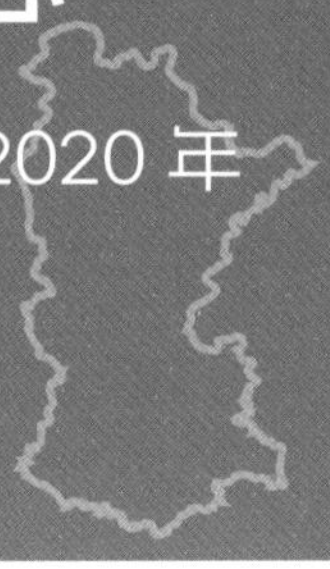

景德镇，江西 2018—2020 年

设计巧妙利用地形高差，通过植入综合服务、停车等功能，形成多种功能复合的综合服务中心。项目采用当地材料，同时创造半开放空间，为高建筑密度的老城提供了可俯瞰周边民窑街区的休闲场所。

项目地点：江西省景德镇市
设计时间：2018年
竣工时间：2020年
用地面积：5620m²
建筑面积：6000m²
设计单位：北京华清安地建筑设计有限公司
合作单位：北京清华同衡规划设计研究院有限公司
业主单位：景德镇陶阳置业有限公司
摄　　影：曹百强

透过竹廊遥望龙珠阁

项目位置

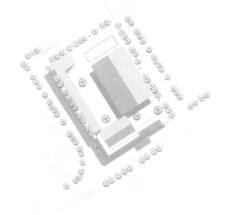

总平面图　　0 5 10 20m

项目概况

建国瓷厂综合服务中心位于景德镇陶阳里片区，是景德镇老城空间的核心点。其地块西侧为御窑厂遗址，是明清时期官窑的所在地、北侧为保留的为数不多的民窑——徐家窑、罗汉肚窑，东侧是国营建国瓷厂的厂区。本项目总用地面积5620m²，总建筑面积6000m²，其中地上建筑面积为3300m²。项目以"院儿"的形式，和谐融入老城肌理。此"院儿"利用地形形成了4.3m高的台地，并通过植入复合功能来弥补老城基础设施和服务设施的不足。项目结合地形高差，配建半地下的停车综合体，通过垂直交通将地面的展示广场、休闲亭廊、服务中心、商业配套等联系在一起，形成了片区内为数不多的一个集交流、会务、餐饮、展示、休闲、商业于一体的综合服务中心，既是周边展示片区的重要服务配套，又是老城的交通节点和重要窗口。

恢复老城肌理

从20世纪50年代到90年代，大量的现代陶瓷工厂建设改变了景德镇老城的传统肌理，城市格局失序。为了改变这一状况，建国瓷厂综合服务中心的设计，利用两座相对独立的一层建筑与挡墙、廊道半围合成中型院落，重构老城空间秩序。作为老城重要公共空间的一环，它将景德镇御窑厂国家考古遗址公园、御窑博物馆、由建国瓷厂改造而成的建国陶瓷文化创意园串联起来。它们共同在众多小尺度的生产生活院落之中，形成一个鲜明的东西走向的历史文化轴带。

保护老城风貌

为保护传统肌理与风貌，车行流线尽量避让传统空间，项目利用建国瓷厂建筑间的道路，打通车行道路，加强与中华北路与胜利路的交通联系，增强地块内部陶瓷文化展示资源的可达性。设计充分利用周边道路高差，在场地西南角设置机动车出入口，另外三个角设置人行入口，避免人车混行。地面设置多处下沉绿化空间，既增加了停车库的景观趣味性，又为原本封闭的停车库引入了阳光和新鲜空气。

▽ 景德镇老城航拍

△ 北侧立面　▽位于一层的观景平台

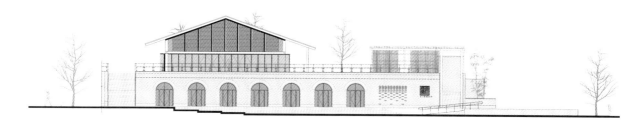

北立面图　　0 1 2　　5m

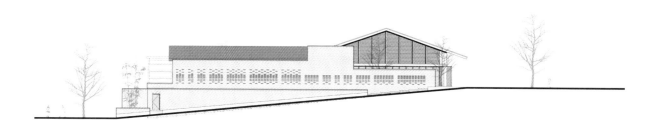

南立面图　　0 1 2　　5m

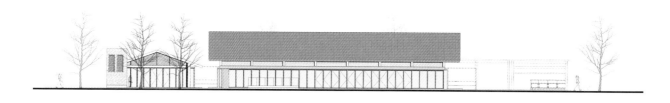

西立面图　　0 1 2　　5m

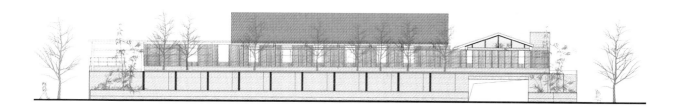

东立面图　　0 1 2　　5m

△ 徐家窑遗址窑房的木构立面（左）西侧竹廊（右）　▽ 竹廊与建筑围合成的空中院落

延续老城记忆

在建筑与景观材料的选择上，项目尽量采用当地建材及绿化树种，与老城环境相呼应。建国瓷厂综合服务中心的墙体及广场铺地遵循历史做法，采用废弃窑砖，使建筑完美融合于历史街区，这也体现了"循环利用"的环保理念。西侧及北侧廊道的顶部及立面则采用当地的竹子做成疏离竹墙，其灵感来源于北侧徐家窑遗址的窑房木构立面。在竹篱上附以藤蔓，既对廊子起到了遮阴的作用，又增加了平台的空间的围合感。

激活老城活力

通过老城活力的激活重塑城市公共空间，需要在尊重历史及城市"性格"的前提下，扭转建筑各自封闭的消极状态。建国瓷厂综合服务中心项目的空间织补策略是创造介于传统庭院和开放空间之间的半开放空间。项目以L形的建筑总体布局与竹篱廊道半围合出公共广场，同时新建的建筑对周边已有建筑进行退让，形成周边小型广场。这既在建筑形态上与传统的院落围合形态相呼应，又营造出了丰富的开放空间，供人们集散交流，成为老城活力激活点。在高台北侧面向小广场的一侧设置沿街商铺，避免了地下车库消极空间界面的不利影响。平台北侧两端的台阶将人群自然引至高台上方的茶餐厅、纪念品售卖店及其周边可以凭高眺望古城作坊区的休闲环境，构成了丰富的公共活力空间体系。

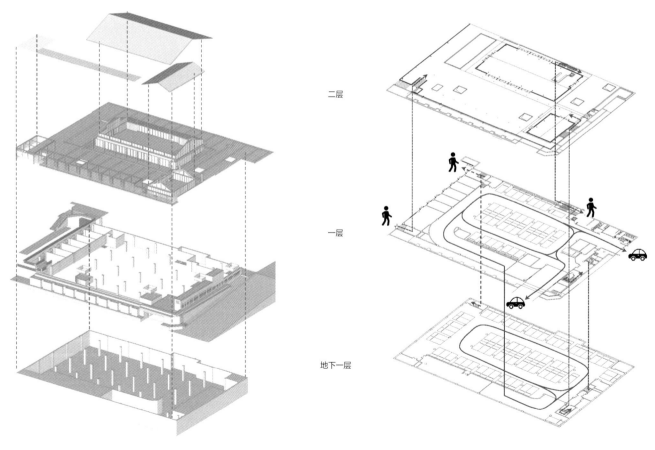

二层

一层

地下一层

建筑空间分析

内部空间流线

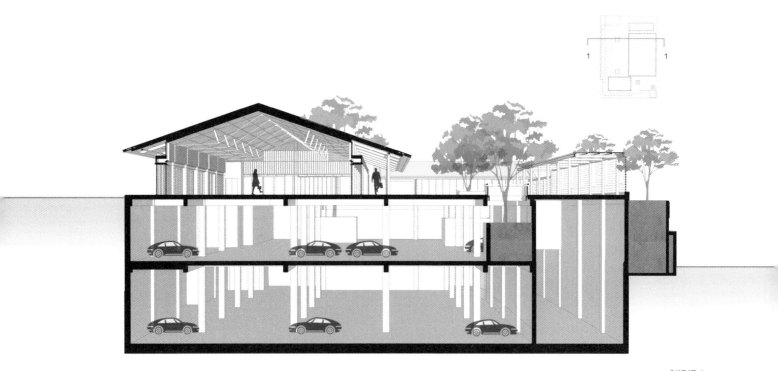

剖透视 1

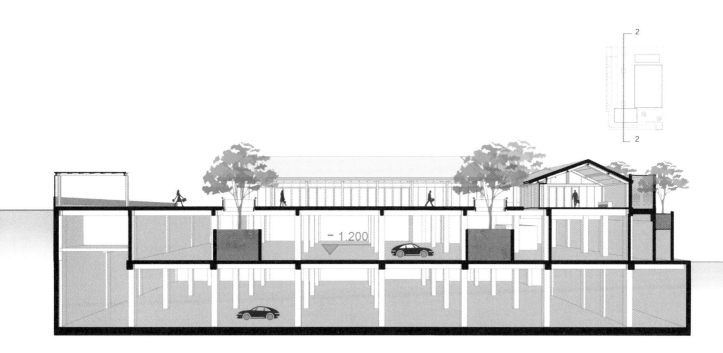

剖透视 2

△ 茶餐厅内部　▽ 地上茶餐厅

地上院落形成的开放空间

景德镇宇宙瓷厂
陶公寓创新社区综合体

景德镇，江西 2018—2021 年

　　陶公寓通过居住、办公、直播、文体设施、停车等复合功能的策划，及其与公共空间的有机结合，使聚集在陶溪川及周边的艺术从业者和青年群体拥有了可支付的居住空间，满足了相关的生活配套的需求。设计充分利用边缘狭窄地形的特征，通过过街楼视廊与城市衔接，并通过骑楼建立了可交互的城市界面。在整体风貌上实现了新与旧、园与城的融合。

项目地点：江西省景德镇市
设计时间：2018年
竣工时间：2021年
用地面积：2.4hm²
建筑面积：6.4万m²
设计单位：北京华清安地建筑设计有限公司
合作单位：北京清尚建筑装饰工程有限公司
　　　　　　B.L.U.E.建筑事务所 等
业主单位：景德镇陶邑文化发展有限公司
摄　　影：曹百强　田方方　是然建筑摄影

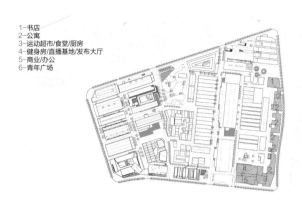

1-书店
2-公寓
3-运动超市/食堂/厨房
4-健身房/直播基地/发布大厅
5-商业/办公
6-青年广场

总平面图　0 20　100
　　　　　 10 50　　200m

项目概况

陶公寓创新社区综合体位于景德镇陶溪川文化创意街区一期的东侧，建筑面积6.4万m²，是老厂区更新新建织补的典型案例。宇宙瓷厂于2015年转型更新为陶溪川创意园区的启动工程，并很快呈现良好的效果，但由于周边现状建筑与道路等的不利影响，启动工程与城市的关系尚不融洽。园区经过几年的精心建设和创造性运营，吸引了大量来自世界各地的人群，形成了庞大的社群体系，也产生了多样复杂的需求。然而园区功能尚不完善，尤其是缺少低廉便捷的居住和生活配套设施，园区仍与城市功能割裂，严重影响着园区的可持续发展。项目用地复杂，呈L形，南北长约300m，北低南高，相差3m高，属于园区边缘狭长地带。

设计充分利用场地条件，保留既有的窑炉建筑和现状树木，通过功能策划和公共空间设置，将制约因素转变为设计机遇。方案将各功能体块合理紧凑地安排在L形用地中，形成一个有机的协同体，利用300m长的沿街城市界面和内部园区界面将建筑两侧的城市与园区缝合起来，并在功能上相互补充。公寓楼和旅馆可提供300余间紧凑型智能房间和近600个床位，以满足不同类型的居住需求。南侧共享办公综合楼为社区和城市提供了大量的就业空间。其中，直播基地完善了陶溪川的陶瓷线上交易渠道。建筑的底层为商业。综合共享办公楼的北侧地下是游泳馆和健身房，为青年人群提供了稀缺的室内运动场所。共享办公楼的东侧楼上布置有食堂，为社区人群提供健康的饮食。整个建筑的北端设计有对外开放的图书馆，补全了该片区的城市文化功能。建筑地下为两层车库，以解决整个园区的停车空间缺乏的问题，缓解周边停车压力。

陶公寓为艺术从业者、研学青年和学生提供了安全舒适、低租金的社区生活空间，满足社群的工作、生活需求，并提供了大量的新兴就业岗位。复合功能的植入支撑了社区生活体系，使创意人群的生活行为在园区内可以形成闭环，减少了不必要的生活交通能耗。陶公寓的建成，从文化、空间、功能多个维度，将园区融入城市中，完成了从园区到复合社区的升级，为世界提供了社区生活体系重塑的经典范例。

陶公寓鸟瞰

西立面和保留的老树

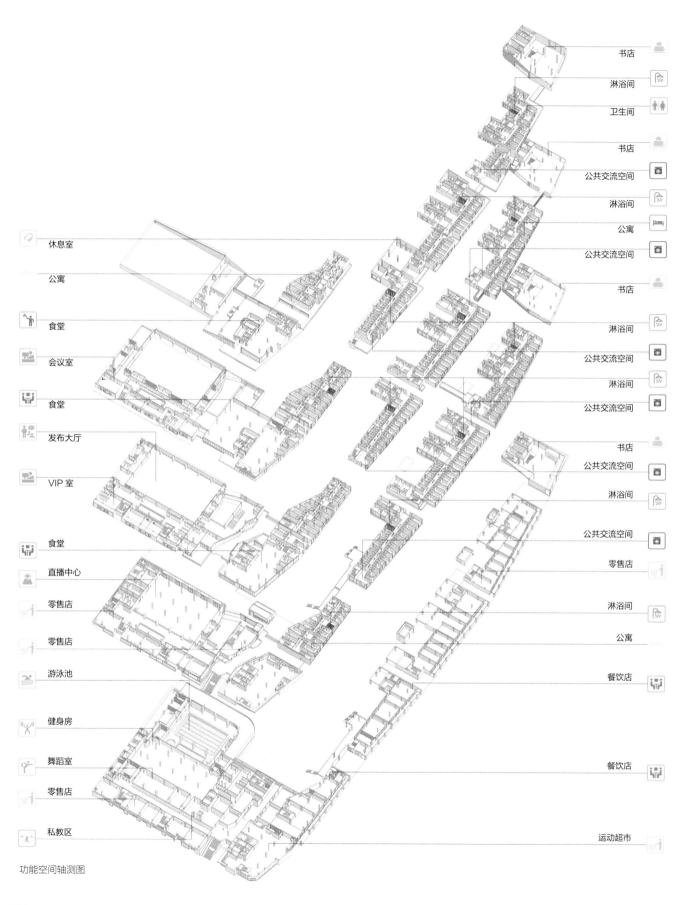

休息室

公寓

食堂

会议室

食堂

发布大厅

VIP 室

食堂

直播中心

零售店

零售店

游泳池

健身房

舞蹈室

零售店

私教区

书店

淋浴间

卫生间

书店

公共交流空间

淋浴间

公寓

公共交流空间

书店

淋浴间

公共交流空间

淋浴间

公共交流空间

书店

公共交流空间

淋浴间

公共交流空间

零售店

淋浴间

公寓

餐饮店

餐饮店

运动超市

功能空间轴测图

重塑社区生活体系

项目充分利用地块条件，配置居住、办公、食堂、运动、配套等多种功能，满足社群需求，织补城市肌理，重塑社区生活体系。团队通过调研园区人群，研究创意人群行为，进行社群画像；多角度挖掘需求，编制社区复合功能体系清单；充分研究场地制约条件，通过界面设计、体量消解等方式，将功能行为体系与建筑空间体系结合，合理紧凑安排在用地上；从行为和空间层面完成与城市的衔接融合。项目引入社群协商设计，在设计初期，未来的使用方和运营方直接介入。社群参与整个设计过程，共同协商，达成共识，形成了最终的复合功能清单和空间结构骨架，避免了设计与未来实际使用脱节。

通过界面设计、体量消解等方式，将功能行为体系与建筑空间体系结合

设计中合理布置各功能体块，满足社区需求

利用多种功能，满足社群需求，织补城市肌理，重塑社区生活体系

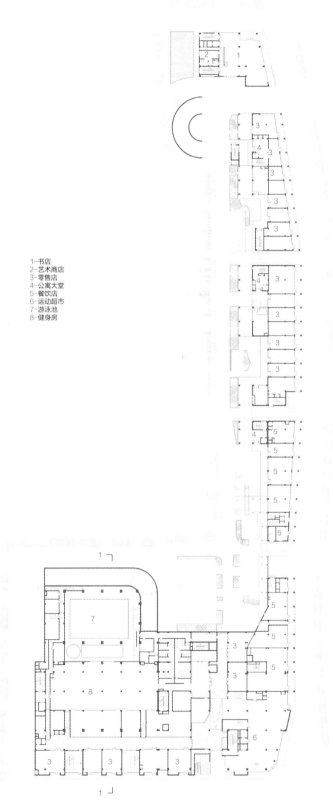

1-书店
2-艺术商店
3-零售店
4-公寓大堂
5-餐饮店
6-运动超市
7-游泳池
8-健身房

首层平面图　　0　5　10　20m　↑

南侧沿街立面

西侧开放式小广场，满足交流需求

348

屋顶花园与开放空间等形成亲切的建筑尺度和生动的城市界面，在空间上将社区生活与城市融合起来

融合城市空间

　　陶公寓处于园区和城市的交界处，空间上起到了衔接与过渡的作用。设计通过拆解体量织补陶溪川的肌理，将狭长体量消解为5段，空隙处形成老厂区与城市之间的视觉通廊和步行路径。首层引入商业拱廊，建立与行人互动的城市界面，屋顶退台形成露台花园，提供开放空间，形成了友好的街道景观天际线。沿街设置遮阳避雨的商业慢行空间，内部围合成若干小型院落，形成交往空间。屋顶花园与开放空间等形成亲切的建筑尺度和生动的城市界面，在空间上将社区生活与城市融合起来。

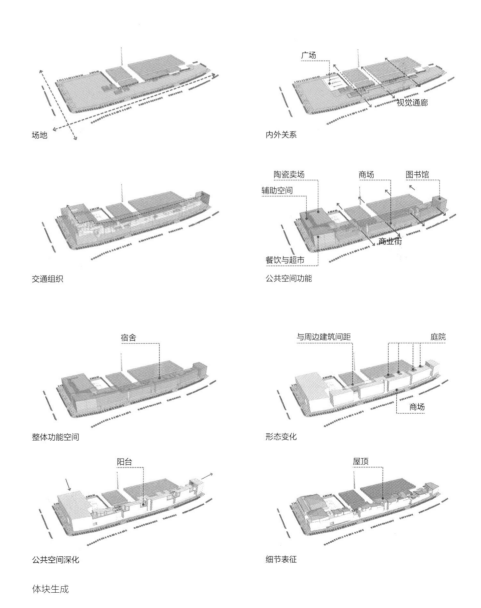

体块生成

友好的街道观赏天际线

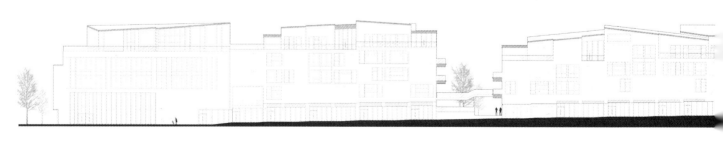

东立面图　　0　5　10　　20m

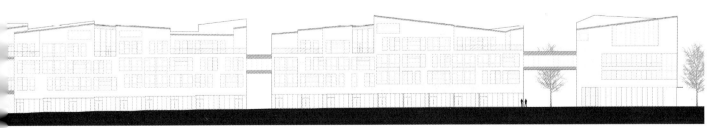

连续的开放空间

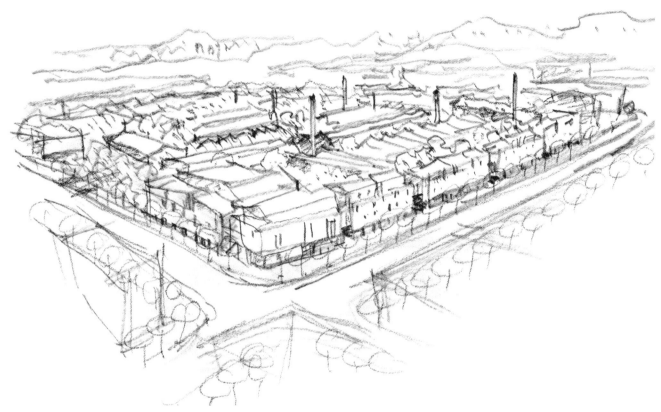

设计手稿

底层架空空间作为入口

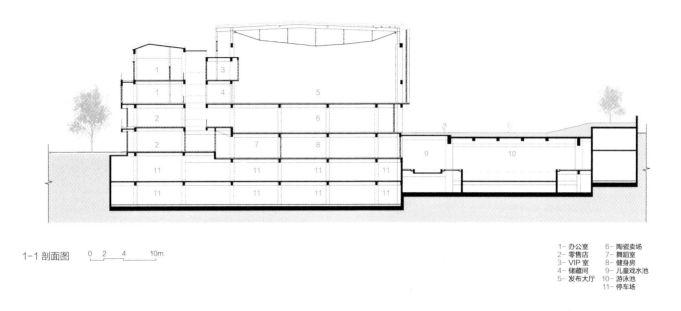

1-1 剖面图　　0　2　4　10m

1- 办公室　　6- 陶瓷卖场
2- 零售店　　7- 舞蹈室
3- VIP 室　　8- 健身房
4- 储藏间　　9- 儿童戏水池
5- 发布大厅　10- 游泳池
　　　　　　11- 停车场

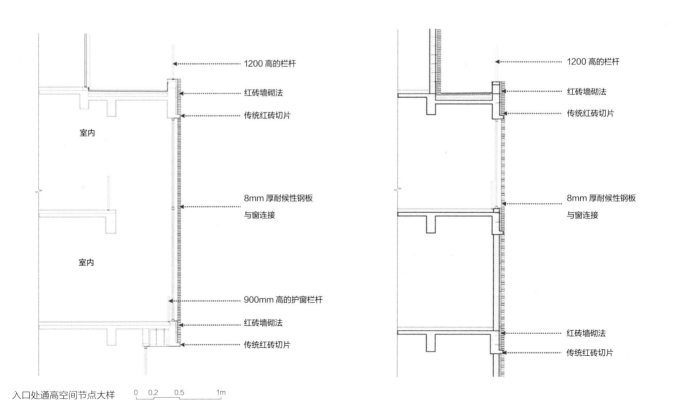

室内

室内

1200 高的栏杆

红砖墙砌法

传统红砖切片

8mm 厚耐候性钢板
与窗连接

900mm 高的护窗栏杆

红砖墙砌法

传统红砖切片

1200 高的栏杆

红砖墙砌法

传统红砖切片

8mm 厚耐候性钢板
与窗连接

红砖墙砌法

传统红砖切片

入口处通高空间节点大样　　0　0.2　0.5　1m

风貌传承与绿色设计

建筑形式从陶溪川工业建筑的沥青屋顶中提取和抽象而来，一个个折叠和分散的斜坡，形成错落的坡面形式，呼应艺术区，营造现代艺术的氛围。建筑立面上，通过丰富的窗户与砖的排列方式，既解决了窗户采光与遮阳平衡问题，又形成了富有趣味的立面构图。

为了适应当地夏天湿热的气候，南部共享办公楼设计了拔风中庭。同时广场地下的游泳健身空间采用了可踩踏的地面采光玻璃。设计采用新技术工艺解决了传统天窗防水性能差、钢化玻璃强度低等问题，实现了为地下活动空间获得自然采光的要求，降低照明能耗。

在建筑材料上，项目沿用了与陶溪川现有建筑一致的红砖，大量使用当地回收的红砖，延续了陶瓷厂的红砖风貌，传承老厂区特有的文化记忆，同时又节省了材料的运输与生产成本，降低建材能耗。

可踩踏采光玻璃天窗

不同角度坡屋面的变化

外部连廊空间

室内中庭

景德镇陶机厂
多功能会议厅和商业楼

景德镇，江西　2019—2022 年

陶机厂多功能会议厅和商业楼的功能与国贸酒店互补，通过地下连通优化提升服务效率。建筑采用金属折板屋面和双层通高柱廊，形成与环境相协调的独特建筑语言。下沉式庭院和二层平台增加了与整个厂区的渗透性。建筑北侧水面广场形成"看与被看"的关系，提升了商业体验和建筑使用效率。

项目地点：江西省景德镇市
设计时间：2019—2021年
竣工时间：2022年
用地面积：5.3hm²（陶机厂地块）
建筑面积：8980m²
设计单位：北京华清安地建筑设计有限公司
业主单位：景德镇陶邑文化发展有限公司
摄　　影：田方方　项目组

项目概况

陶溪川一期的建成，使该片区成为景德镇东部的中心，目前的国贸酒店、博物馆等空间不能满足举办大型活动的需要。陶机厂多功能会议厅和商业楼（简称为"多功能楼"）弥补了国贸酒店周边大型会议配套设施的不足。建筑主体为两处中等规模的会议空间，面积分别为400m²和540m²，可以同时容纳约500人。建筑首层设计为集中商业空间，围绕陶机厂中心水面广场形成丰富的商业界面，增加广场的活力。

多元丰富的建筑功能

该建筑复合了会议、商业、餐饮、厨房等多种功能。其中，多功能会议厅布置在二层东侧，与陶溪川国贸酒店隔路相望。同侧的一层为会议备餐区，并通过地下一层与酒店的厨房相连，充分利用酒店的餐厨设施。会议餐食先经酒店厨房初步准备后，再转运至会议厅内的备餐区厨房，进行精细加工。这样可满足企业发布会、研讨会、婚宴等多元化需求。建筑西侧临近陶机厂片区的南北主轴线，北侧临近中央水池广场，人流量均较大。因此，设计在一层布置连续的商业界面，并通过灰空间将多功能楼的下沉内院与外部的街道、广场连通。二层通过开放平台将商业、餐饮等功能区联系起来，开敞的灰空间为二层的人们提供了游憩与交流的场所。二层平台在建筑北侧与水面广场形成对景，在此可望见翻砂美术馆与水面倒影，亦可在傍晚时俯瞰陶机厂夜景与热闹的陶瓷创意集市。多功能楼中心的下沉庭院环绕有商铺，后面为停车空间。贯通三层的通透的庭院还为这里湿热的气候环境提供了很好的自然通风条件。

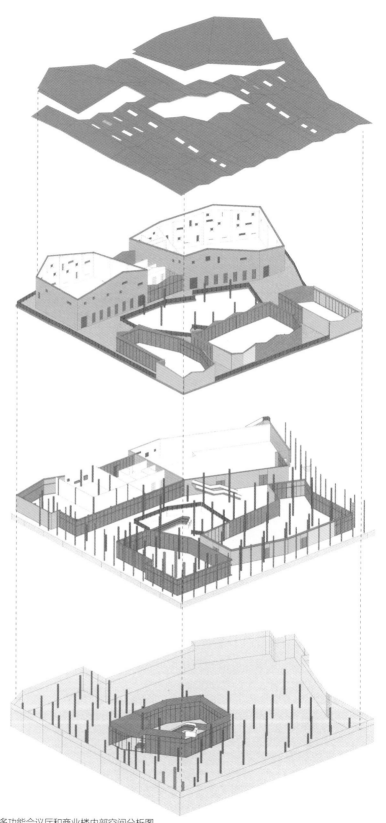

多功能会议厅和商业楼内部空间分析图

片区风貌肌理的织补

陶机厂整体以工业风貌为主，多功能会议厅和商业楼是仅有的几个新建建筑之一。为实现工业风貌的整体性塑造，同时又能表现新建筑的当代性，避免造成历史信息误读，多功能楼的屋顶采用金属折板设计，其流畅的线条呼应了周边既有厂房建筑人字顶、锯齿顶的建筑语言，建筑体量也与之相当。折板下的吊顶设计亦随屋顶走势，内外一致，展现了建筑结构的连贯之美。吊顶设计也遵循屋顶的折面形态，建筑结构在室内外呈现出一致性，实现了传统与现代的和谐共生。

西侧、北侧立面采用双层通高柱廊设计，通过柱廊、平台、商业空间的组合，增强了进深空间的层次感。设计选取三叉形截面钢柱，轻盈而不失力量，与周围环境和谐共生。内庭院亦延续通高柱廊设计，使内外空间流畅衔接，极大提升了空间的流动性和互动体验。东侧立面为面向车行道的消极空间，因此采用灵活多变小窗设计，既保证两处会议空间相对私密，又在室内外构建一致的自由立面形态，实现功能与形式的统一。

东向外景

庭院

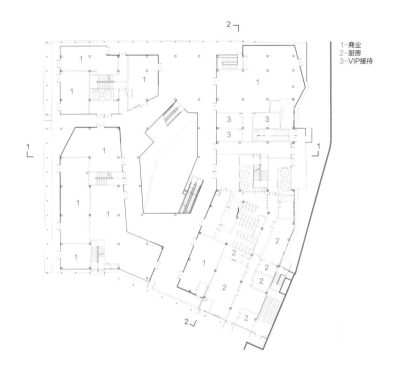

1-商业
2-厨房
3-VIP接待

首层平面图

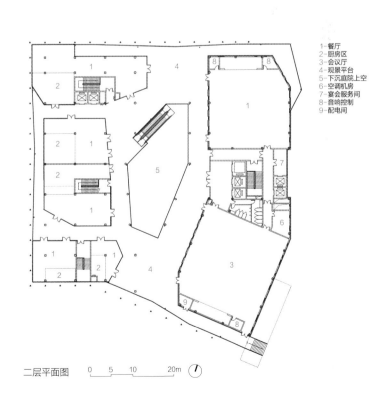

1-餐厅
2-厨房区
3-会议厅
4-观景平台
5-下沉庭院上空
6-空调机房
7-宴会服务间
8-音响控制
9-配电间

二层平面图　　0　5　10　　20m

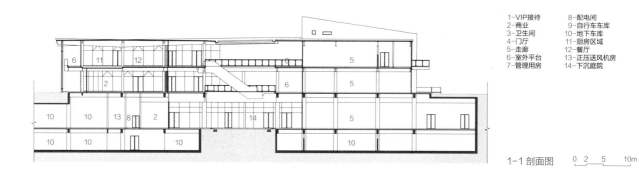

1-VIP接待　　　8-配电间
2-商业　　　　9-自行车车库
3-卫生间　　　10-地下车库
4-门厅　　　　11-厨房区域
5-走廊　　　　12-餐厅
6-室外平台　　13-正压送风机房
7-管理用房　　14-下沉庭院

1-1 剖面图　　　0　2　5　　10m

2-2 剖面图　　　0　2　5　　10m

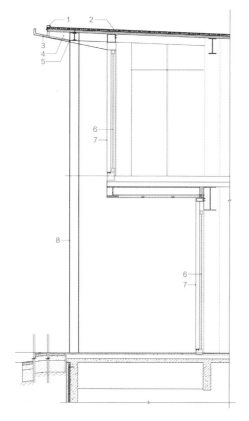

1-0.8mm厚彩色钢板封檐板
2-2mm厚防水铝单板
3-成品钢制天沟
4-附加钢梁
5-木纹装饰板
6-玻璃幕墙
7-30mm×100mm木纹色装饰百叶，间距70mm
8-十字形钢柱，局部包木纹色装饰板

西立面墙身详图　　　0 0.2 0.5　1m

△ 多功能会议厅和商业楼东北向鸟瞰　▽ 南向外景

福清利桥
特色历史街区保护与更新

福州，福建　2020 年至今

　　以保护城市历史风貌为前提，以保留建筑、街巷肌理、山江环境为参照，通过织补和建筑语言与材料的创新，塑造街区型现代城市商业复合体。详细的剖面设计、交通和景观组织，使地上、地下街道与建筑空间成为一个整体。

项目地点：福建省福清市
设计时间：2020年
竣工时间：2022年（一期）
用地面积：19.1hm²
建筑面积：地上13万m²，地下13.4万m²
设计单位：北京清华同衡规划设计研究院有限公司
　　　　　　北京华清安地建筑设计有限公司
业主单位：福清东百置业有限公司
摄　　影：是然建筑摄影　项目组

369

项目概况

历史价值　福清位于福建省东南沿海，地处龙江北岸、玉屏山与玉融山交会处，南望"双旌五马"。福清建城史逾1300年，因便利的水、陆交通，福清自古以来商业繁盛。明朝的海洋贸易极大带动了古城发展。位于古城南门外、连接瑞云塔旁码头的利桥街，连接着古城与海上丝绸之路的贸易通道，逐渐成为重要商贸街区。利桥街街区现保留有多个时代的历史遗存；包括省级文保单位瑞云塔、黄阁崇纶坊，以及很多传统民居与侨厝。这些建筑中西合璧，反映着利桥街区与海上丝绸之路的历史联系。

面临问题　近20多年来，城市向南跨江扩张，出现了大量的高层建筑，打破了山城相依的景观环境。利桥街区也因大量自建房的出现，众多的历史文化遗存日渐衰败，街区格局难辨，整体特色丧失。2019年底，项目团队进场调研时，除文保单位、历史建筑及少数有代表性民居外，其他民房已拆除。场地内历史文化遗存孤立于空地之中。当地政府公开出让利桥街区作为商业建设用地。政府与开发单位希望设计团队能对这一片区的更新提出兼顾历史文化保护、建设效益与市民生活福祉的设计方案，并以街区建设为契机，推进城市更新。

项目成果　以城市历史文化保护为前提，修复片区"城-街-江-山"的历史风貌，塑造开放包容、与城市环境和场地文脉要素嵌合的公共空间场所。在建筑方面，打造具有本土建筑风貌特色的现代城市商业复合体，并以此为契机，将城市生活方式从一般性商业消费导向本土化、有深度的城市历史文化体验，让城市经典的历史文化风景回归当地人的现代生活。项目首期于2022年12月建成开放，成为当地最受欢迎的城市公共场所之一，展现了本项目为城市带来的现代商业活力和特色文化影响力。

利桥街区鸟瞰

运用城市历史景观方法，开展整体保护

项目团队依据城市历史景观的方法，提出修复城市文脉的目标。主要措施有三个方面。第一，保护观江、观山、观塔视廊，尊重顺坡面江的历史地形地貌特征。第二，延续福清老城南门轴线直抵龙江，并将江岸重新向城市开放。提升东门河水岸环境，恢复原通城河水街路径。第三，恢复长约600m的利桥古街，自东向西依次串联瑞云塔、龙首桥、烈士陵园、黄阁重纶坊、人民公园苏式门楼、宋井、荷园等历史场所。

以上措施奠定了街区整体结构。在此基础上，设计恢复宋井巷、利园巷、利桥弄、岭顶路、塔南巷等五条历史街巷，串联瑞亭天主堂、闽剧院、吴氏八扇厝、卢氏侨厝等11栋历史建筑。在历史遗存散落的项目场地内，有效恢复历史空间结构，重建古今联系与空间秩序，同时与山水环境和城市空间建立有机联系。

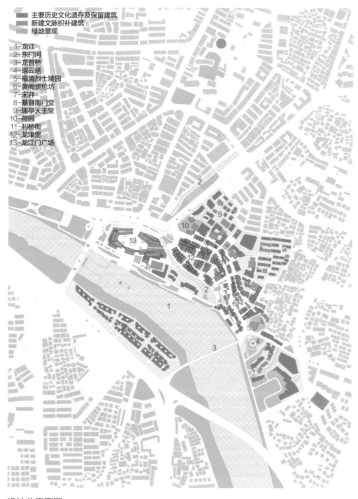

设计总平面图

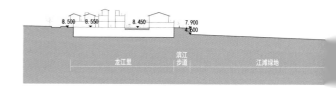

利桥街区更新总平面

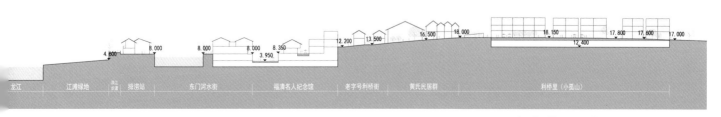

龙江　｜　江滩绿地　｜ 滨江步道 ｜ 排涝站　｜　东门河水街　｜　福清名人纪念馆　｜ 老字号利桥街 ｜ 黄氏民居群 ｜　　利桥里（小孤山）

0　10　20　　　50m　　　利桥街区场地剖面图

更新前（左）与更新后（右）的龙江两岸

更新前（左）与更新后（右）的利桥街

△ 榕树广场

◁ 利桥街

龙江门码头

探索具有福清地方特色的现代建筑风貌

项目团队基于全域传统建筑调研采访，构建地域风貌特色素材库及关键控制指标。方案将地方建筑语汇与现代功能需求相结合，对整个片区提出风貌管控意象。自利桥街、龙津里至龙江门广场，工程实现了从"老福清""新而老"向"新福清"的风貌过渡。对传统风貌的提炼转译有效满足现代文旅不同功能、不同尺度的商业空间需求。设计采取意象性的方式，用现代建筑手法于滨江中轴位置重塑了古城南城门的意象。

△ 龙津里　▽ 龙江门广场

△ 利桥街景

地下地上联动，破解街区交通支撑难题

充分利用地下空间，解决街区停车、设备设施用房及后勤服务等的需求。通过地下停车库与出入口的合理布局，破解了街区周边道路不足、开口条件受限的问题，同时保障了街区传统肌理的延续以及地面步行空间的完整。

自然场地南北高差约4.8m，东西高差约3.9m。地下室剖面设计为保护自然场地的高程特征，采取复杂的顶板标高设计，并对地面多类历史文化遗存要素进行保护性退让，且预留出大树种植树坑。街区的地下室设计最大限度地实现了柱网跨度的标准化，避免了大面积的结构转换。

借助地下空间实现人车分流。地下设立独立的货运和后勤通道，货物通过垂直货梯到达地上各建筑组团的内置后勤通道。地下泊车的客人则通过垂直客梯到达建筑各层公共空间节点。商业流线以主街和广场为骨干，通过二级巷道、扶梯和无障碍坡道交织成网，形成线性、环形和广场相组合的开放流线。所有历史文化遗存点位均被塑造为公共空间的节点。它们经商业流线串联后，成为活力引流、打卡、驻足歇息的重要场所。

地下空间步行巷道

地下空间与龙江门广场的关系模型

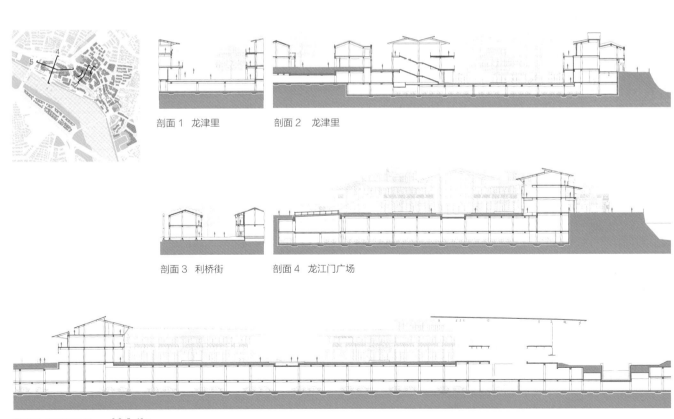

剖面 1　龙津里　　　　剖面 2　龙津里

剖面 3　利桥街　　　　剖面 4　龙江门广场

剖面 5　龙江门广场　　0 2 5　10m

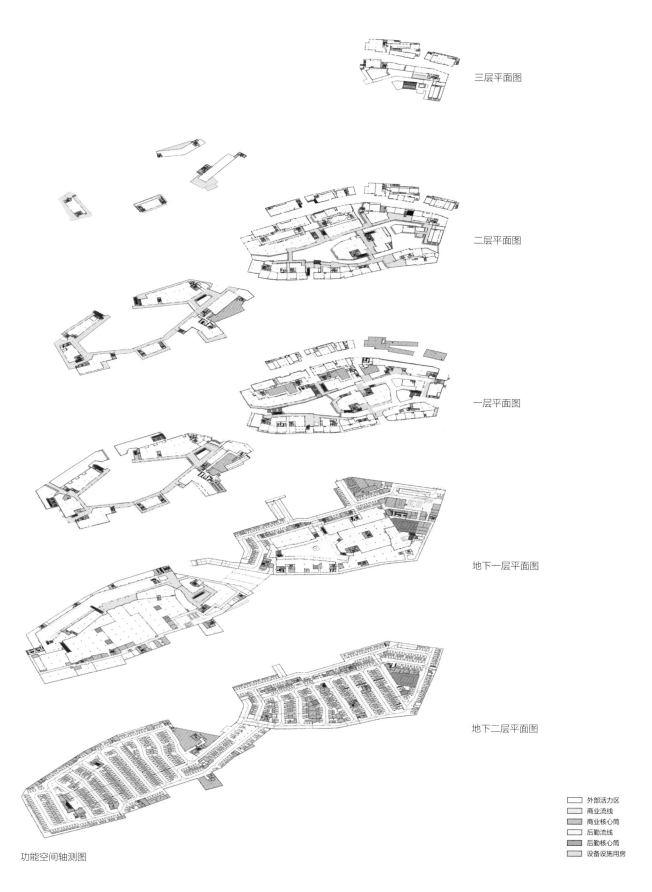

三层平面图

二层平面图

一层平面图

地下一层平面图

地下二层平面图

功能空间轴测图

外部活力区
商业流线
商业核心筒
后勤流线
后勤核心筒
设备设施用房

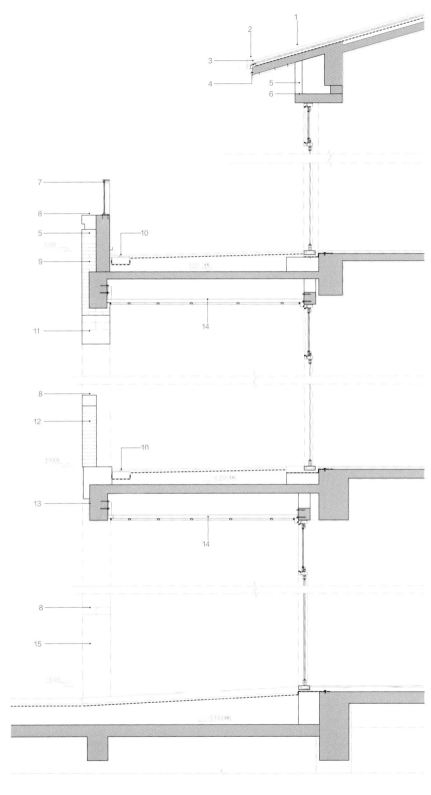

1-本地陶土板瓦
2-全新安制20mm厚白灰扎口
3-细石混凝土封边，金属披水
4-竹钢封檐板
5-清水砖竖砌
6-清水混凝土
7-玻璃栏板，浅灰色金属扶手
8-本地花岗石压顶
9-清水砖外墙
10-线性排水沟
11-本地花岗石过梁
12-清水砖花砌栏杆
13-水刷石饰面
14-60mm×60mm×4.0mm氟碳喷涂
　　钢管龙骨，3mm厚灰色穿孔铝单板
15-本地花岗石下碱

龙津里　建筑墙身详图　　0　0.2　0.5　　1m

△ 龙江门广场二层商业环廊　▽ 龙江门广场沿街立面

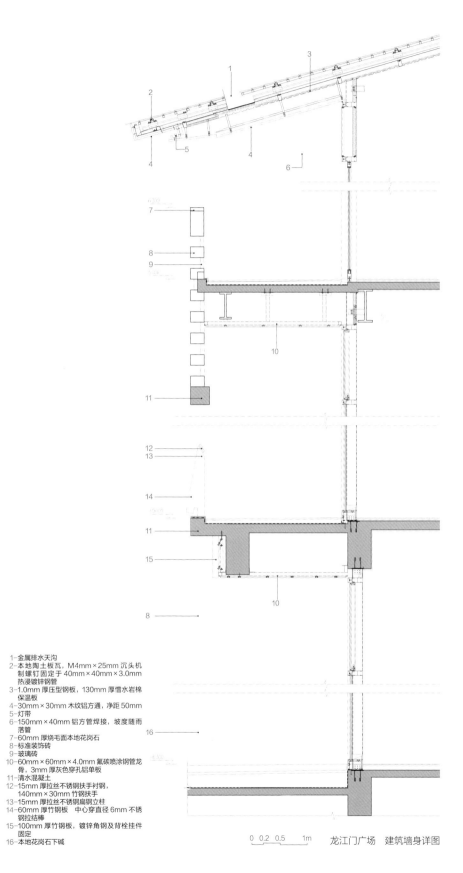

1-金属排水天沟
2-本地陶土板瓦，M4mm×25mm 沉头机制螺钉固定于 40mm×40mm×3.0mm 热浸镀锌钢管
3-1.0mm 厚压型钢板，130mm 厚憎水岩棉保温板
4-30mm×30mm 木纹铝方通，净距 50mm
5-灯带
6-150mm×40mm 铝方管焊接，坡度随雨落管
7-60mm 厚烧毛面本地花岗石
8-标准装饰砖
9-玻璃砖
10-60mm×60mm×4.0mm 氟碳喷涂钢管龙骨，3mm 厚灰色穿孔铝单板
11-清水混凝土
12-15mm 厚拉丝不锈钢扶手衬钢，140mm×30mm 竹钢扶手
13-15mm 厚拉丝不锈钢扁钢立柱
14-60mm 厚竹钢板　中心穿直径 6mm 不锈钢拉结棒
15-100mm 厚竹钢板，镀锌角钢及背栓挂件固定
16-本地花岗石下碱

0　0.2　0.5　　1m　　龙江门广场　建筑墙身详图

新疆维吾尔自治区　甘肃省　内蒙古自治区　黑龙江省　吉林省　辽宁省　长春　承德　北京市　天津市　河北省　济南　山东省　青岛　江苏省　河南省　安徽省　南京　上海市　嘉兴　湖北省　浙江省　景德镇　龙泉　醴陵　江西省　福建省　福州　福清　晋江　台湾省　湖南省　贵州省　重庆市　四川省　青海省　西藏自治区　云南省　广西壮族自治区　广东省　广州　澳门　香港　海南省

图例

■ 城市整体保护与更新
■ 历史街区保护与更新
▲ 老旧厂区保护与更新
● 文脉织补与延续

南海诸岛

广州 / 2004-2014
大明路 / 2007-2009
南京 / 2010-2014
五店市 / 2012-2016
承德 / 2013-2020
泊水坝公园 / 2016-2018
建国瓷厂 / 2018-2020
闽公寓 / 2018-2021
闽南厂建筑群 / 2019-2022
利时厂 / 2020至今
济南老商埠 / 2021-2023

2000至今 / 济南
2006-2016 / 三坊七巷
2010-2014 / 湖江书院
2012-2016 / 工业遗产博物馆、美术馆
2012至今 / 醴陵瓷
2014至今 / 长春
2018-2019 / 六重
2018-2021 / 彭家莱作坊院
2018-2021 / 馥龙坊
2020-2023 / 龙泉
2021-2023 / 柏花坊

386

采访与访谈

专访张杰教授："文绿"融合护文脉，新旧共生铸名城

新旧更迭是城市发展的常态。在这一演替过程中，老建筑、老街巷、老院落等文化遗产成为城市记忆和个人情感的重要载体。现存的文化遗产如散落的珍珠，亟待通过保护利用与传承将它们串联成线，织就中华文明的壮丽图画。张杰教授指出，我国城市历史文化遗存现状相对布局分散、风貌多元叠加，不能采用大拆大建的方式，而是要用"绣花"的功夫去修复、织补、活化。新旧共生、"文绿"融合，这将是未来城市可持续发展的重要课题。

一、要避免修而不用、保用脱节

张杰教授主持完成的"福州三坊七巷保护与整治规划设计"项目，获得了国家文化部创新奖、联合国教科文组织亚太地区文化遗产保护奖等多项大奖。

中国城市报：1982年，国务院公布了第一批国家历史文化名城。走过40余载春秋，我国历史文化名城建设取得了哪些成就？目前走到了什么阶段？

张杰：在过去的40多年间，我国逐步建立了具有中国特色的历史文化名城整体保护体系，形成了相关的理论方法、技术标准与管理制度等。同时，也在不同地区的实践中，因地制宜地探索了丰富的经验。

首先，经过几十年的探索，我们初步建立了一套符合中国历史与文化特点的保护要素体系。其次，中华文明在特定的地理环境中所形成的宇宙观、礼制等被赋予了中国传统城邑有别于西方的鲜明文化特点。在中国古代，山水环境不仅仅是生态要素，而且是一种普遍的文化现象，它与聚落密切关联。保护多层次的文化景观，这对于历史

文化的传承和生态环境的可持续发展都尤为重要。再次，在我国，不同地域、不同时期的社会文化、生产力水平和建造工艺等差异较大，由此造就了丰富多元的城市建成遗产。真实完整地保护与传承多样的风貌，这是城市集中成片区域保护与更新的重要课题。福州三坊七巷、景德镇陶阳里、泉州晋江五店市等片区在这方面作了深入的研究与实践。最后，虽然我国在保护更新方面已探索和积累了宝贵的经验，但尚不能满足全国各地差异化的需求。从我国当前和将来的发展来看，名城与街区的保护必将与城市更新更加紧密地结合在一起。我们要坚持"在保护中发展，在发展中保护"的方针，避免修而不用、保用脱节，要将保护与社会经济发展更加紧密地结合，并走出一条遗产保护的可持续发展之路。

中国城市报：从实际经验出发，您认为保护并利用好历史文化名城与街区会对城市和居民产生哪些影响？

张杰：保护与利用好历史文化名城和街区能够彰显城市文化魅力，并极大增强社区居民的文化认同感和自豪感。对与普通人相关的文化遗产进行保护与利用，这不仅可以留住城市记忆并唤起"乡愁"，还可以使历史融入当下，塑造城市与社区的场所精神，激发居民对传统文化的热爱，也夯实文脉传承的群众基础。

与此同时，保护利用推动了老城区人居环境品质的提升，使城市变得更为宜居。在保护和利用的过程中，政府与社会的各方力量大量投入，促进了老城与街区硬件的改善，也使得现代化的文化、体育、卫生、健康等公共服务与生活服务设施得以补足，原本脏、乱、差的环境得到了

整治提升……这些工作实实在在地惠及了民生。

此外，通过保护利用，优化了产业和功能结构，提升了城市活力，有效地带动了城市的高质量发展。文化遗产涉及产业、人群、环境等可持续发展的基础要素，它是驱动城市绿色更新的优质触媒。城市保护与更新还可以激发科创产业、数字经济等的新质生产力，并以新动能带动城镇化和经济转型发展。

二、用"绣花"功夫去修复、织补、活化

中国城市报： 2024年2月，住房和城乡建设部办公厅、国家发展改革委办公厅印发《历史文化名城和街区等保护提升项目建设指南（试行）》，提到项目建设要做到"六不"。您怎么看待这"六不"？

张杰："六不"从项目建设层面进一步深化了历史文化保护传承工作的要求，涉及建设方式、建设规模、人地关系、保护与利用的关系、历史肌理格局、历史建筑、历史环境、老地名等，既综合又全面。

在遗产保护与城市更新的背景下，我国城市的历史文化遗存分布相对分散、风貌多元叠加，不能采用大拆大建的方式，而要用"绣花"功夫去修复、织补、活化。老城区、片区的形态格局、历史建筑等承载着真实信息与情感，是民族历史文化记忆的最直观、最鲜活的载体，它关乎文脉延续与国家认同，不能拆真建假。

城市是生态基底、人工营建、社会网络与活动等多个系统组成的复杂巨系统。中国古代营城智慧奠定了中国城市与自然和谐共生的基础，这也造就了独特的山水城市人文景观，如昆明滇池、济南泉水等。它不仅是这些城市及其区域的生态基底，也是城市文化的源头。保护城市与生态的有机关系，尊重资源环境的承载力，不盲目新增与扩大建设规模，这是中国历史城市在生态与文化双重含义下可持续发展的重要内容。

中国城市报： 您觉得深入发掘中华文明的文化基因，并将那些在岁月中伫立了千百年的历史文化遗产保护好、传承好、利用好的关键是什么？这个过程中又将如何平衡保护和发展的关系？

张杰： 一要紧紧围绕中华文明主题脉络清晰、兼收并蓄、多元一体、绵延不断等突出特性，这是保护利用与传承的基础。我国历史源远流长，早期六大考古文化区系汇流构成黄河文明和长江文明，奠定了中华文明的根基。后经不断地对外交流、吸收和融合，从而造就了中华文明多元一体的格局。城市是文明的标志，尤以连绵成片的历史街区为集大成者。这些现存的文化遗产如散落的珍珠，亟待通过保护、利用与传承将它们串联成线，并织就中华文明的壮丽图画。

二要识别并保护好真实而丰富的遗产体系，杜绝拆真建假。要通过不断深入研究，挖掘保护对象在中华文明大历史脉络中的位置与价值，乃至在世界历史中的重要地位。要尊重城市遗产的时空叠加特点，不以个人好恶、某一时期的面貌去简化城市的风貌特色，应使厚重的历史在保护与传承中发扬光大。

三要以用促保，让历史文化与现代生活融为一体。在快速的城市发展过程中，严格保护城市遗产、守住底线，这是保护与传承的基础。同时，城市建设要通过科学的规划设计，使丰富的历史文化遗产得到应有的展示和利用，从而被公众感知、为公众服务。在保护管控红线的基础上，要结合建设实践并留有弹性，使分散的遗产要素资源化，并得到有效整合与利用。

由于历史的原因，保护对象大多面临着质量破败、产权主体复杂、设施欠账严重、保护资金投入不足等问题。要建立保护与更新有机结合的分类、分级管理体系，有针对性地对不同保护、更新类型制定不同的监管、财税与技术等策略，实现文化遗产的保护与活化，使之成为能够切实解决社会、经济、文化和环境等可持续发展的"综合基础设施"。

三、遗产保护不应该成为"形象工程"

中国城市报： 目前在城市遗产保护利用工作中还存在哪些需要重点关注的问题？哪些内容值得我们再反思完善？

张杰： 遗产保护工作不应该成为"形象工程"，不然就会导致修而不用、保用脱节并脱离人民群众，还会造成资源和资金的浪费。面对量大面广的城市遗产，我们必须坚持以用促保、以保护促发展的方针。

遗产保护是一项细致的"文化—经济"工程，我们要树立以价值研究为前提的工作原则。历史城市与街区的资料大多不见于史书。遗产保护工作需要深入开展"街区考古"，挖掘城市街区的文化内涵，甄别真实的价值载体。只有这样才能以真实的遗存生动地展现国家的历史和身边的历史。

城市遗产保护利用工作涉及众多的利益攸关方，在项目实施中往往面临产权、资金、功能与管理等诸多问题，这也是当代城市治理的重要方面。城市遗产保护与利用项目应厘清公益类、半公益类和市场类的不同属性，依此确定公共政策和市场机制等，比如推出税收优惠、补贴等财政政策，促进文化产业与文化事业的协调与可持续发展。

中国城市报：您认为未来历史文化名城和街区保护的趋势和方向是什么？

张杰：一是文化保护将与绿色更新更紧密地结合。无论是城市保护还是城市更新，都旨在对既有建成环境加以科学的利用。文绿融合将是未来城市可持续发展的重大课题，这也契合了"双碳"的目标。二是新旧共生。老城和街区作为城市核心区，面临着新材料、新能源、新设施等新质生产力要素在城市更新过程中的适应性植入。三是数智化水平提升。保护项目将更多地应用数字化、人工智能等新兴技术手段，促进更加高效的监管、更加广泛而生动的大众参与和传播，并推进中华民族新文化建设。四是通过保护与更新，推动城市高质量发展。保护对象是一种文化资产，它是以人为本推进城市更新行动的触媒。结合相关创新人群的特点，对历史城市和街区的科学保护利用，将会带动城市就业、产业升级以及环境品质的提升。

本文原载于《中国城市报》2024年4月8日第13版，作者为《中国城市报》记者郑新钰。本文有删减，部分文字有改动。

让历史文化与现代生活融为一体

城市是现代社会生产、生活的中心。习近平总书记指出，城市发展带动了整个经济社会发展。推进中国式现代化必须抓好城市这个火车头，使城市成为现代化建设的重要载体和动力。这当中，文化发挥着重要作用。一座城市有一座城市的文化底蕴，把城市历史文脉更好传承下去，盘活历史文化资源，有助于释放城市新活力、培育发展新动能。

从一些国家城市发展的经验看，城市化达到一定水平后，城市发展会更加注重内涵和质量。比如，20世纪70年代以来，为满足新兴产业发展需求和提升城市宜居水平，高端服务、教育等产业成为一些发达国家城市重点发展的产业。知识经济的基础是创新，创新需要人才和与之相适应的综合城市环境，包括高标准市场体系、高水平知识产权保护、灵活的人才激励机制等，也包括与之相适应的文化环境。在这种情况下，富有特色和活力的城市文化不再是可有可无的装饰与门面，而是高质量发展的重要资源。

随着社会发展，现代城市的功能结构出现了新特征。一些融合办公、商业、居住、休闲等功能的新型片区应运而生。这些片区特色鲜明、开放包容、环境优美，极大提升了城市的创新性、宜居性。城市的历史文化、现代功能、生产生活氛围共同构成可体验的综合环境，成为一座城市的魅力和吸引力所在。

我国有着悠久的城市建设历史。早在西周时期就形成了营城制度，城邑总体布局纳入礼制轨道，形成特有的空间秩序。我国城市建设在许多方面体现着道法自然、天人合一理念。比如，北京的胡同、湘西的吊脚楼、安徽的四水归堂、福建的土楼等，这些特有建筑既与当地的气候条件、风土人情、生活习俗相适应，又具有深厚的历史文化底蕴。

今天推进城市现代化，对于历史文化既要传承，又要创新。在改善人居环境的同时，保护历史文化底蕴，发挥城市功能，让历史文化与现代生活融为一体。2023年，我国城镇化率为66.16%，与发达经济体80%左右的水平相比还有发展空间。近5年，我国城镇化率年均提高0.93个百分点，每年超过1000万农村居民进入城镇，带来大量新增的物质文化需求。同时，我国城市中还有不少老旧街区面临着房屋失修、人居环境差、发展动力弱等综合难题。如何凝聚共识、汇聚合力，既不断改善民生、满足人民群众对美好生活的向往，又保护城市历史文化、传承城市历史文脉，并以此带动城市品质的提升，是推进城市现代化建设面临的必答题。

习近平总书记指出："保护好传统街区，保护好古建筑，保护好文物，就是保存了城市的历史和文脉。对待古建筑、老宅子、老街区要有珍爱之心、尊崇之心。"1982年，我国建立了历史文化名城保护制度。截至2023年9月，全国共有国家历史文化名城141座，中国历史文化名镇名村799个，中国传统村落8155个，历史文化街区1274片，历史建筑6.3万多处。我国历史文化保护理念不断提升，保护对象不断扩充。从大拆大建走向"绣花"功夫，从分散保护走向协同保护，实现了保护理念的与时俱进。近年来，我国出台了一系列制度规定和配套政策举措。2021年，中共中央办公厅、国务院办公厅印发《关于在城乡建设中加强历史文化保护传承的意见》，提出"建立分类科学、保护有力、管理有效的城乡历史文化保护传承体系"，强调"保护历史文化街区的历史肌理、历史街巷、空间尺度和景观环境，以及古井、古桥、古树等环境要素，整治不协调建筑和景观，延续历史风貌"。2021年8月，住房城乡建设部印发《关于在实施城市更新行动中防止大拆大建问题的通知》，提出"坚持应留尽留，全力保持城市记忆"，对历史文脉保护划出"底线"。这些制度规定的出台，为做好城市历史文化遗存保护提供了理念指引和制度保障。

习近平总书记指出："要处理好传统与现代、继承与发展的关系，让我们的城市建筑更好地体现地域特征、民族特色和时代风貌。"城市是文化的载体，文化是城市的灵魂。城市不是钢筋水泥的简单堆砌，而是一个有机而复杂的"生命系统"。制定城市发展规划，须综合考虑城市的功能定位、文化特色等多方面因素。加强对城市的空间立体性、平面协调性、风貌整体性、文脉延续性等方面的规划和管理，统筹好发展与保护，既留住城市特有的地域环境、文化特色、建筑风格等，又充分发挥城市现代功能，让广大市民更加方便、舒适、安全地生活在城市中，增强市民的认同感与归属感。在这方面，已经有了不少成功探索。比如，被誉为"里坊制度活化石""明清建筑博物馆"的福州三坊七巷历史文化街区，一方面通过修旧如旧，尽量保留古调神韵；另一方面通过适度开发，着力引入能够展示福建非遗文化的活力业态，打造沉浸式文旅演艺项目，充分发掘古厝内在价值，古老街区成为城市的亮丽名片。在千年瓷都景德镇，御窑厂、陶溪川、陶阳里等一批遗产保护与活化项目逐渐建成，老瓷厂区和传统手工作坊区实现华丽转身，陶溪川成为具有重要影响的创意社区，传统手工业成为创业方式，延续千年的古老产业焕发蓬勃生机。

新时代新征程，要坚持以习近平文化思想为指导，延续城市历史文脉，像爱惜自己的生命一样保护好城市历史文化遗产，继续发展有历史记忆、文化脉络、地域风貌、民族特点的美丽城镇，形成符合实际、各具特色的城镇化发展模式，让古老城市焕发新的活力，让人们记得住历史、记得住乡愁，厚植家国情怀。

本文原载于《人民日报》2024年2月9日第9版，作者张杰。

彭家弄作坊院：景德镇"民窑活化石"的复活

一、千年御窑的民窑活化石

明明清两代，在景德镇设立皇家御窑。当时御窑难以独立完成皇家所需的大量瓷器的烧制，便将部分瓷器交由民窑生产，于是出现了"官搭民烧"的产业生态。因此在御窑厂周边形成了"一窑十坯"的陶瓷生产组织单元，并逐渐遍及整个古城。其特征是，在一两个窑房周边建设十栋左右的坯房，陶工们在此集中拉坯、立坯，同时周边窑的陶坯也集中于此，等待统一烧制。如果有两个窑，陶工们会"倒班"生产，在第一个窑停火冷却时开启另一个窑，从而形成高效、连续的规模化生产。可以说，正是这一模式成就了景德镇瓷业的辉煌，使其成为世界上最早的工业城市之一，也塑造了其独特的空间细胞与肌理。

然而，随着御窑功能的消失，这种模式也退出了历史舞台。现代工业化的陶瓷生产线更使手工制瓷日渐式微。到20世纪80年代，古城内的老柴窑逐渐废弃，周边空间环境日益衰败，"官搭民烧"的历史也逐渐被多数人所遗忘。"彭家弄作坊院"所在的陶阳里就是这段历史最好的"民窑活化石"，蕴含着珍贵的历史与文化信息。

尽管"彭家弄作坊院"具有重要的历史意义，但在废弃后，风吹雨打和人为的火灾等，已使这片作坊群破败不堪。是否保护、如何保护成为摆在我与团队面前的难题。经过研究后，我们与委托方决定保护这片千年御窑旁的"民窑活化石"，并希望以此为契机，为老城探索一条文化与绿色相结合的保护与更新之路。

为了确保保护修缮后的"彭家弄作坊院"能"好用不变味"，我与团队历经近7年的时间，在考古成果的基础上，完成了街区遗产研究、结构检测、修缮设计和项目施工等诸多工作，终于使这座见证昔日民窑作坊繁华的院落重现于世。

二、历史信息的"应保尽保"

由于"彭家弄作坊院"所在区域处于御窑厂遗址的保护范围内，其地下埋藏的文物极为丰富，如何最低程度地减少对这些遗存的干扰，成为本项目的核心难题之一。

在项目定位上，为了延续院落群的肌理和内部空间的格局，我们与项目委托方商议，将其未来功能定义为客栈、商业和文化展示。在工程设计上，我们采取一系列创新方法和技术，做到"应保尽保、能用则用"，努力实现文化传承与城市品质提升的高度融合。

面对这样一个建在几百年陶瓷文化层堆积地段上的工程项目，我们首先采用了"浅深度结构基础加固"技术，以减少地基下挖深度，在保证建筑结构安全的同时，能够有效避免地下文物埋藏层在施工过程中受到损害。其次，我们对院内设备管线采取了创新的布置方式，将它们布置在建筑的二层或屋檐下，包括电力、供热、通风和给排水管线等。这一方面满足了建筑设备现代化的需求，另一方面也避免了设备管道的挖掘对地下遗存的破坏。本项目中两个新建建筑也利用了地段内原有的建筑基础，避免了对地下文物层的再次干扰。

此外，长期处于废弃状态的坯房，其结构已变得极其脆弱，多数被判定为危房，面临被拆除的风险。为了使御窑厂周边的重要历史信息得以传承，我和团队决定采取一系列措施来保住它们，同时最大化再利用这些残梁断壁，减少建筑垃圾与碳排放。例如，作坊院中有一处坯房由于年久失修，原有木结构已基本损坏，无法承担荷载。为此，在修复坯房榀架的基础上，我们重新设计了独立的轻结构体系作为荷载支撑。这如同为老树立一个支架，让它在新的环境中依然能稳固地屹立：既使得原有民窑建筑结构的历史信息得以保存，又确保了坯房未来的安全性。

三、建筑保护的"最小干预"

为最大程度地保护"彭家弄作坊院"作为"民窑活化石"的遗产价值，我们在设计的每一个细节中都严格遵循"最小干预"原则，以确保历史建筑的完整性和独特性。

修缮工作始终坚持保留多时期建筑的独特风貌与记忆载体。例如，对于传统民居类建筑，设计恢复了当地典型的天井式院落格局；对于1949年后新建的民居，设计保留其砖木结构和小开间格局，以及立面上具有时代特征的建筑元素，如木板门和窗楣等，充分展现该片区发展的历史层次感；对于由原坯房改为民居的建筑，设计保留了原有坯房的榀架，并利用榀架砌一堵内墙以分隔空间，尽量保留历史痕迹与细节；对于传统商铺建筑则沿用当地"下铺上贮"、外带阳台的形式，同时适应现代商业的需求。

在建筑功能上，设计尽量延续单体建筑的原有功能，以保留作坊群本身的历史氛围。例如，东北沿街部分继续作为商铺使用，南侧沿彭家弄的天井院落原本为民居，修缮后仍维持居住功能，但改造成半开放的文化客栈。此外，院落之间的空地被改成开放的遗产展示场所，传播民窑历史与文化。这种混合的功能受到了当地居民与游客的广泛欢迎。

四、项目施工的"绣花功夫"

在项目设计与施工过程中，我和团队始终践行习近平总书记关于历史文化保护要下足"绣花功夫"的思想。我们进行详细的建筑测绘、结构检测和资料归档，完整记录彭家弄的遗产信息，包括每一寸墙面和每一根梁柱的位置和状态等，确保不遗漏任何细节。

为体现景德镇传承多年的精良木构技术，我们特别聘请了当地老工匠，采用传统木构技艺对"彭家弄作坊院"的木构件进行维护和修缮。对于评估质量完好的木结构，

我们都充分保留。当原有木结构由于年久失修或火灾等原因无法继续使用时，我们移除损坏部分，并采用榫接、墩接等方式，尽可能地利用旧梁架。此过程中我们虽采用了部分新构件进行修缮，但坚持不做"假古董"。比如，在修缮彭家弄内部的会客厅时，坚持所有新木材只刷清漆，以彰显与旧木料的差异，同时保留当代建筑技艺与传统的对比。尽管我们在设计之初也曾担心效果不佳，但会客厅最后呈现出的真实历史记忆让众多参观者深受感动。

此外，我们还根据每扇墙面与屋面的具体损毁程度和原本砌筑方式，设计了定制化方案。在修缮过程中，我们尽量利用原有的旧窑砖和旧瓦片等材料。例如，在修缮砖墙时，我们精心挑选了大量废弃的旧窑砖作为材料。这些外表如琉璃的旧窑砖，既保留了景德镇"窑砖砌墙"的独特记忆，又减少了因新烧砖材而产生的浪费与碳排放。

老房再利用面临的另一个关键问题是如何提升建筑的舒适度和节能。比如，彭家弄传统建筑的屋顶与墙面往往较薄，夏热冬冷、隔音差，难以适应现代功能的需求；同时老房地面潮湿发霉，易生异味。我们仔细模拟优化了光照和通风效果，在保留历史结构的同时，提升居住的舒适性和安全性，从用户需求的角度实现传统与现代的真正新旧共生。

另一个问题是老建筑的梁柱普遍存在不同程度的变形，新的房间分隔墙难以做到与它们无缝衔接。解决这些问题都需要采用特殊的建造技术和构造方法。为此，在整个项目设计和实施过程中，我与团队通力合作，破解了一系列技术难题。最终，在景德镇呈现了一个高品质的遗产保护与再利用工程。

2024年6月，"彭家弄作坊院"作为中国遗产保护类项目的代表，荣获"英国皇家建筑师学会国际杰出建筑奖"。这不仅是对我及团队多年致力于历史城市保护与更新的高度认可，更是全球建筑界对中国建筑遗产保护事业的肯定。

我真诚地希望未来有更多的规划师与设计师团队投身城乡遗产保护事业，尊重每一个城乡历史要素，通过对城乡遗产的"绣花式"保护与创新活化，讲好中国故事，使历史街区与城市发展的记忆成为我们日常生活的一部分，让乡愁沁润每一个人的心田。

本文原载于《光明日报》2024年7月7日第11版，作者张杰，来源文化记忆工作室。本文有删减。

团队成员与获奖信息

广州历史文化名城保护规划

设计团队 张杰、温春阳、许险峰、邵磊、陈昌勇、张捷、张飏、王磊、唐宏涛、褚文昊、霍晓卫、曹胜威、谭宇文、梁庄、谭国昭 等

所获奖项 2015- 全国优秀城乡规划设计奖（城市规划类）一等奖
2017- 华夏建设科学技术奖三等奖

济南泉城文化传承与发展协同规划

设计团队 张杰；张弓、阎照、张冲、楼吉昊、李明杰、姜滢、王哲、王蕾蕾、高雅、高洁、张晶晶、秦昆、王博、柳文傲、韩旭、赵月、张冰冰、陈拓、王清强、陈洁、杜芳、张增荣、周立、覃茜、王和才、张倩倩 等（北京清华同衡规划设计研究院有限公司）；邵莉、国芳、徐其华、周升波、李进才、侯艳玉、周东、梁春艳、于莎莎、马金剑、李真真、顾雅富 等（济南市规划设计研究院）；王文雯、郭兆霞、赵文彬、金淑娟、赵镇、王珺、张红梅、韩冠苒 等（济南市园林规划设计研究院有限公司）

所获奖项 2017- 全国优秀工程勘察设计行业评选优秀建筑工程设计二等奖
2021- 全国优秀城乡规划设计奖（城市规划类）一等奖

承德历史文化名城保护规划

设计团队 张杰；张弓、阎照、李明杰、高雅、王蕾蕾、匡广佳、王哲、张雨洋 等（北京清华同衡规划设计研究院有限公司）；王晓峰、吉伟、陆明环、高佳雯、孙鑫、孟祥笛、王平、李黎、齐虹、田冬花、陈章、迟磊、赵丹丹 等（承德市规划设计研究院）

所获奖项 2017- 全国优秀城乡规划设计奖（城市规划类）二等奖

长春历史文化名城保护规划

设计团队 张杰；张飏、张捷、吴奇霖、段兴平、徐向荣、刘业成、骆文、尹文瑜、张晶晶、刘岩、霍晓卫、刘小凤 等（北京清华同衡规划设计研究院有限公司）；刘延松、邹丽姝、宋威、赵岩、姜彦冰、刘学、李宝山、胡园、孟杰、刘畅、付天宇、李家茜 等（长春市城乡规划设计研究院）

景德镇老城系列规划

设计团队 张杰、刘岩、李婷、郑卫华、魏炜嘉、陈拓、张洁、刘小凤、胡笳、蔡露、徐向荣、郝阳、解扬、赵超、张捷、陈雪、朱玉风、刘畅、闫婷婷、满新、李蓓蓓、段兴平、宁阳、曲梦琪、马蕾、陈洁、杜芳、徐慧君、张启瑞、陈晗、王霁霄 等

所获奖项 2019- 教育部优秀工程勘察设计规划设计一等奖
2019- 中国城市规划学会优秀城市规划设计奖一等奖
2021- 中国建筑学会建筑设计奖城市设计专项一等奖
2023- 美国建筑大师奖（AMP）城市设计组最佳杰出奖
2024- 法国巴黎 DNA 设计奖大尺度项目类大奖
2024- 美国 Architizer A+Awards 城市规划类大众评选奖、可持续更新类特别提名奖
2024- 美国建筑师协会国际设计奖（AIA）优异奖

南京老城南系列规划

设计团队 张杰、张飏、胡建新、刘青昊、叶斌、张冲、唐鸿骏、叶江山、李春月、陈思、张冰冰、李建波、姜滢、张捷、徐向荣、匡广佳、霍晓卫、张弓、王智、张倩倩、黄琛、何晓洪、宋肖肖、吴晓燕、费洪凤 等

所获奖项 2015- 全国人居经典建筑规划设计方案党赛 规划、建筑双金奖

福州三坊七巷历史街区保护与更新

设计团队 张杰、吕舟、张飏、陈亮、罗景烈、严龙华、张弓、陈沐歌、魏樊、阚平、林炜、高华敏、陈成、刘洋、王珏、卢刘颖、黄靖、胡建新、白鹤、李波莹、李公立 等

所获奖项 2009- 中华人民共和国文化部创新奖
2015- 联合国教科文组织亚太地区文化遗产保护奖荣誉提名
2015- 全国优秀城乡规划设计奖（城市规划类）二等奖
2021- 中国建筑学会建筑设计奖历史文化保护传承创新专项历史街区类一等奖

福州连江魁龙坊历史街区保护与更新

设计团队 张杰、张弓、张飐、罗大坤、金旖、范恩闯、宁昭伟、黄丹、
杜丽、罗景烈、陈成、林箐、郑远志、林树南、张春喜、
汪锐、袁志伟、赵洋、朱思宇、张灵华、孙玉武、张振洲、
冯亦、王飞锽、游龙、黄宁海、陈钢彪、王焰、胡伟鹏、
王成业、何苗、王洋、陈晨、张丹、蒋含笑、赵涵、薛娟妮、
赵洋、张贤德、贾旭泽 等

所获奖项 2021- 国际风景园林师联合会亚非中东地区风景园林奖
（IFLA AAPME）文化与传统类荣誉奖
2024- 法国巴黎 DNA 设计奖修缮类大奖
2024- 德国标志性设计奖创新建筑奖至尊奖

泉州晋江五店市历史街区保护与更新

设计团队 张杰、张冲、张弓、胡建新、霍晓卫、张冰冰、李奥、
王和才、王丽娜、黄浩彦、杜芳、张晶晶、王智、曾建华、
何晓洪、宋肖肖、张星、费洪凤、王恩荣、陈芳、胡平平、
李蓓蓓、张倩倩、王雨生、王小花、吴一禹、陈以德、
陈进福、庄亚勇、黄源铭、吴俊雄、黄怡君、姚洪峰 等

所获奖项 2015- 中国建筑学会建筑创作银奖
2017- 教育部优秀工程勘察设计建筑工程三等奖

青岛广兴里保护修缮工程

设计团队 张杰、胡建新、叶江山、曾建华、张冰冰、王丽娜、刘岩、
解扬、张爵扬、杨延安、郭春爽、冯占伟 等

景德镇陶瓷工业遗产博物馆、陶溪川美术馆

设计团队 张杰、胡建新、刘岩、李婷、张冰冰、张洁、叶江山、王智、
刘俊宇、贺鼎、蒋炳刚、王力、宋肖肖、何琳、吴晓燕 等

所获奖项 2017- 联合国教科文组织亚太地区文化遗产保护奖
创新奖
2017- 教育部优秀工程勘察设计建筑工程一等奖
2021- 中国建筑学会建筑设计奖历史文化保护传承创新
专项历史建筑类一等奖
2023-WA 中国建筑奖建筑成就奖优胜奖

景德镇陶机厂翻砂美术馆、球磨美术馆

设计团队 张杰、胡建新、叶江山、张冰冰、钟凯、武文学、曾建华、
王永平、王智、张晓玮、王永平、张爵扬、史林、毕鑫、
贾洪敏、李斯宇、于明玉、苏元彬、易嘉琦、王娟、杨延安、
郭春爽、王燕霞、李大伟 等

景德镇陶机厂全民健身馆

设计团队 张杰、胡建新、叶江山、张冰冰、钟凯、王智、张晓玮、
王永平、张爵扬、史林、毕鑫、贾洪敏、李斯宇、于明玉、
苏元彬、易嘉琦、王娟、杨延安、郭春爽、王燕霞、
李大伟 等

龙泉城市文化客厅

设计团队 张杰、胡建新、叶江山、张冰冰、曾建华、李申未、张晓玮、
王智、周珏、李晓、赵旭、张爵扬、毕鑫、史林、杨延安、
张星、王娟、郭春爽、王燕霞、崔光肖、高明 等

大明湖风景名胜区扩建改造工程

设计团队 张杰、赵晓平、计明浩、霍晓卫、李秀、王文雯、肖鹏、
匡振鄢、翟延菊、张冲、蔡丽娟、陆波、张鹏、姜滢、
席时友、徐碧颖 等

所获奖项 2011- 第一届中国风景园林学会优秀风景园林规划
设计奖一等奖
2015- 全国优秀工程勘察设计行业奖园林景观一等奖

醴陵渌江书院文化景观修复与展示工程

设计团队 张杰、李婷、刘岩、陈惠安、陈拓、董亮、张凡、张洁、
周旭、满新、蔡婷婷、沈丹、刘章云、黄海平、赖艳、张文、
肖琨、彭昌威、丁樾、贺红梅、周芷琦、付元武、李斯宇、
李刚、赵卓男、尹宪 等

所获奖项 2021- 国际风景园林师联合会亚太地区风景园林奖
（IFLA APR）荣誉奖

承德迎水坝公园景观环境整治工程

设计团队　张杰、高中卫、柳文傲、刘东达、张弓、何苗、陆明环、
李敏、匡广佳、任洁、赵月、厉奇宇、刘正爽、韩旭、
高洁 等

济南老商埠保护与更新一期工程

设计团队　张杰、张弓、胡建新、张冰冰、王丽娜、陈洁、李牧、
黄浩彦、曾建华、张晓玮、李娜、戴小松、卢健、李霄龙、
王智、夏正单、楼云亭、王奋飞、赵倩倩、陈军华、
李久福 等
所获奖项　2017- 全国优秀工程勘察设计行业奖优秀建筑工程设计
二等奖

嘉善梅花坊历史街区更新一期工程

设计团队　张杰、胡建新、张冰冰、郝阳、武文学、李哲、史莎莎、
刘丹丹、周珏、张爵扬、毕鑫、杨延安、王娟、李慧、
王燕霞、赵奇、陈天旭、于明玉、沈冰茹、唐岳生、
李大伟 等

景德镇陶阳里彭家弄作坊院

设计团队　张杰、胡建新、王志勇、陈拓、张冰冰、王健、王丽娜、
陈雪、何晓洪、兰海、张飔、兰昌剑、邹宇翔、黄维、
刘岩、李婷、霍晓卫、王和才、张洁、蒋小敏、满新、
陈惠安、李牧、孔维效、李晓、索楚楚、张志轩、杨中楠、
黄彪、路天培、董以强、王燕霞、王一淼、赵奇、陈天旭、
王良平 等
所获奖项　2021- 联合国教科文组织亚太地区文化遗产保护奖
杰出奖
2022- 德国标志性设计奖创新建筑奖至尊奖
2022- 全球建筑领域年度大会 WAF 高度荣誉奖
2023- 德国国家设计奖卓越建筑设计金奖
2023- 美国 IDA 国际设计奖遗产组银奖
2024- 英国皇家建筑师学会 RIBA 国际杰出建筑

景德镇建国瓷厂综合服务中心

设计团队　张杰、胡建新、张冰冰、陈拓、齐凯、刘岩、王丽娜、张飔、
李婷、何晓洪、兰昌剑、张小玢、黄丹、张洁、黄维、
李牧、陈惠安、王和才、陈雪、杨延安、赵奇、冯占伟、
陈天旭 等
所获奖项　2021- 第十一届威海国际建筑设计大奖赛银奖
2023- 教育部优秀勘察设计奖传统建筑一等奖

景德镇宇宙瓷厂陶公寓创新社区综合体

设计团队　张杰、郝阳、张冰冰、李建国、胡建新、宁阳、杨伯寅、
高珲、王永平、吴嘉琦、刘小慧、史鹏飞、何晓洪、张俊、
冯占伟、宋彦波、王燕霞、杨延安、高伟、王娟、陈天旭、
于明玉、李斯宇、沈冰茹、苏元彬、李大伟 等
所获奖项　2022- 德国标志性设计奖创新建筑奖至尊奖
2023- 教育部 2023 年度优秀勘察设计奖
2023- 美国 IDA 国际设计奖共享办公组金奖

景德镇陶机厂多功能会议厅和商业楼

设计团队　张杰、郝阳、张冰冰、李建国、胡建新、宁阳、杨伯寅、
高珲、王永平、吴嘉琦、刘小慧、史鹏飞、何晓洪、张俊、
冯占伟、宋彦波、王燕霞、杨延安、高伟、王娟、陈天旭、
于明玉、李斯宇、沈冰茹、苏元彬、李大伟 等

福清利桥特色历史街区保护与更新

设计团队　张杰、张弓、罗大坤、李建国、王韵嘉、陈维高、李波莹、
李杜若、金旖、赵晓慧、范恩闯、宁昭伟、陈伟霞、田敏、
杜永刚、杜丽、黄丹、何晓洪、董以强、汪建飞、张俊、
王燕霞、冯占伟、杨延安、王一淼、李慧、王娟、郭春爽、
石晓峰、陈天旭、王成业、何苗、张丹、王洋、蒋含笑、
赵涵 等
所获奖项　2024- 法国巴黎 DNA 设计奖大规模建筑类大奖
2024- 德国标志性设计奖创新建筑奖优胜奖

部分文章文字来源

广州历史文化名城保护规划

原文发表信息如下，部分文字有改动：

[1] 张杰，霍晓卫，张飏，等. 广州历史文化名城保护规划的创新和实践探索 [J]. 城乡规划，2017（1）：11.

景德镇老城系列规划

本文部分文字来源如下：

[1] 张杰. 工业遗产保护引领城市复兴——景德镇陶溪川文创街区规划设计实践 [J]. 建筑技艺（中英文），2024，30（5）：18-29.

[2] 景德镇陶瓷工业遗产博物馆，景德镇，江西，中国 [J]. 世界建筑，2024，（3）：17-21.

[3] 刘岩，张杰，胡建新，等. 尊重现状、面向未来——景德镇陶溪川宇宙瓷厂片区的规划与设计 [J]. 建筑学报，2023，（4）：12-18.

[4] 胡建新，张杰，李斯宇，等. 新旧融合、持续共生——景德镇陶机厂片区城市更新整体设计 [J]. 建筑学报，2023，（4）：19-25.

[5] 魏炜嘉，刘岩，张杰. 谋局规划引领、实施运营前置——景德镇城市更新的两个经验 [J]. 建筑学报，2023，（4）：1-5.

[6] 张杰，胡建新，刘岩，等. 基于整体规划的景德镇陶瓷文化遗产更新 [J]. 建筑实践，2021，（6）：70-73.

福州三坊七巷历史街区保护与更新

原文发表信息如下，部分文字有改动：

[1] 张杰，张飏. 历史街区物质与非物质文化遗产整体保护——福州三坊七巷规划设计实践 [J]. 建筑技艺（中英文），2024，30（5）：52-59.

福州连江魁龙坊历史街区保护与更新

原文发表信息如下，部分文字有改动：

[1] 张杰，张弓，胡建新，等. 开放街区模式的传统与创新 [J]. 时代建筑，2022，（1）：14-19.

泉州晋江五店市历史街区保护与更新

原文发表信息如下，部分文字有改动：

[1] 张杰，张弓，张冲，等. 福建晋江五店市传统街区保护与复兴工程设计 [J]. 世界建筑，2019，（11）：94-99，139.

[2] 张冲，张杰，李奥，等. 基于地域文化传承的"城市客厅"塑造——晋江五店市街区规划设计实践 [J]. 建筑技艺（中英文），2024，30（5）：60-67.

[3] 张杰，张弓，张冲，等. 向传统城市学习——以创造城市生活为主旨的城市设计方法研究 [J]. 城市规划，2013，37（3）：26-30.

景德镇陶瓷工业遗产博物馆、陶溪川美术馆

本文部分文字来源如下：

[1] 景德镇陶瓷工业遗产博物馆，景德镇，江西，中国 [J]. 世界建筑，2024（3）：16-21.

[2] 刘岩，张杰，胡建新，等. 尊重现状、面向未来——景德镇陶溪川宇宙瓷厂片区的规划与设计 [J]. 建筑学报，2023，（4）：12-18.

[3] 张杰，胡建新，刘岩，等. 基于整体规划的景德镇陶瓷文化遗产更新 [J]. 建筑实践，2021，（6）：70-73.

[4] 陶溪川陶瓷文化产业园区 [J]. 建筑实践，2021，（6）：74-77.

[5] 于明玉，张杰. 唤醒文化记忆的场所营造——大陶溪川片区工业遗产景观设计探析 [J]. 风景园林，2020，27（8）：85-90.

[6] 胡建新，张杰，张冰冰. 传统手工业城市文化复兴策略和技术实践——景德镇"陶溪川"工业遗产展示区博物馆、美术馆保护与更新设计 [J]. 建筑学报，2018，（5）：26-27.

[7] 张杰，胡建新，叶蕾，等. 景德镇近现代陶瓷工业遗产保护和改造实践——以景德镇陶溪川宇宙瓷厂陶瓷博物馆改造设计 [C]. 2013：479-487.

大明湖风景名胜区扩建改造工程

原文发表信息如下，部分文字有改动：

[1] 从"园中湖"到"城中湖"——济南大明湖风景名胜区扩建改造 [J]. 住区，2014，（3）：98-100.

[2] 姜滢，徐碧颖，张杰. 生态环境与文化景观保护提升——济南大明湖风景名胜区规划设计实践 [J]. 建筑技艺（中英文），2024，30（5）：94-102.

济南老商埠保护与更新一期工程

本文部分文字来源如下：

[1] 张杰，王新文. 济南商埠区保护利用规划研究 [M]. 北京：中国建筑工业出版社，2010.

景德镇陶阳里彭家弄作坊院

原文发表信息如下，部分文字有改动：

[1] 景德镇彭家上弄酒店 [J]. 建筑实践，2021，（6）：104-109.

景德镇建国瓷厂综合服务中心

原文发表信息如下，部分文字有改动：

[1] 张杰，陈拓，胡建新. 景德镇历史城区空间重塑实践——以景德镇建国瓷厂综合服务中心为例 [J]. 当代建筑，2021，（4）：17-21.

福清利桥特色历史街区保护与更新

原文发表信息如下，部分文字有改动：

[1] 罗大坤，张弓，金旖，张杰. 传承文脉的现代商业混合街区营建探索——福清利桥街区规划设计实践 [J]. 建筑技艺（中英文），2024，30（5）：78-87.

主要作者

本书主要作者

本书由清华大学建筑学院张杰教授总统稿

北京华清安地建筑设计有限公司相关项目团队

篇章作者

一、城市整体保护与更新

　　广州历史文化名城保护规划：张捷、张飏

　　济南泉城文化传承与发展协同规划：阎照、李明杰、

　　楼吉昊 等

　　承德历史文化名城保护规划：李明杰、张弓、阎照

　　长春历史文化名城保护规划：张飏、吴奇霖

　　景德镇老城系列规划：刘岩、胡建新、许宁婧 等

　　南京老城南系列规划：张飏、李婷

二、历史街区保护与更新

　　福州三坊七巷历史街区保护与更新：张飏

　　福州连江魁龙坊历史街区保护与更新：许宁婧、金旖

　　泉州晋江五店市历史街区保护与更新：张冲、张弓、

　　李旻华

　　青岛广兴里保护修缮工程：王丽娜、张冰冰

三、老旧厂区保护与更新

　　景德镇陶瓷工业遗产博物馆、陶溪川美术馆：刘小慧、

　　胡建新、刘岩 等

　　景德镇陶机厂翻砂美术馆、球磨美术馆：刘小慧、

　　胡建新、叶江山

　　景德镇陶机厂全民健身馆：刘小慧、张爵扬

　　龙泉城市文化客厅：张冰冰、刘小慧

四、文脉织补与延续

　　大明湖风景名胜区扩建改造工程：姜滢

　　醴陵渌江书院文化景观修复与展示工程：李婷

　　承德迎水坝公园景观环境整治工程：柳文傲、赵月

　　济南老商埠保护与更新一期工程：许宁婧、张弓

　　嘉善梅花坊历史街区更新一期工程：郝阳、许宁婧、

　　李哲

　　景德镇陶阳里彭家弄作坊院：许宁婧、刘小慧

　　景德镇建国瓷厂综合服务中心：刘小慧、陈拓、胡建新

　　景德镇宇宙瓷厂陶公寓创新社区综合体：郝阳、张冰冰

　　景德镇陶机厂多功能会议厅和商业楼：许宁婧、胡建新、

　　刘小慧

　　福清利桥特色历史街区保护与更新：罗大坤、张弓、

　　金旖

后　记

《文绿融合：城市保护与更新工程实践》一书于酝酿于两年前，彼时福州三坊七巷、景德镇陶溪川等项目已历经十余年的经营与社会考验，获得大众认可，并将经验推广于福清、龙泉等地的老旧街区、工业厂区的保护与更新实践中。这些项目展现了我与团队从 21 世纪初对保护与更新工程方法的探索，以及近十年"文绿融合、新旧共生"理论在实践中孕育成型的历程。它们是对符合我国国情的城市保护与更新途径的思考与创新性的阶段性成果。受本书篇幅与书稿交付时间的限制，像北京昌平清华国重基地、德化红旗坊、苏州五卅路等一批重要工程未能收录，只能在未来本书的续作或其他工程专集另行安排。

借此机会，首先我要感谢庄惟敏院士等对本书写作过程中的悉心指导，感谢崔愷院士与吴志强院士在百忙之中为本书亲笔作序。他们对城市保护与更新的思想高屋建瓴，为本书在理论方法方面的凝练与提升奠定了基础。

特别感谢为工程实践、学术研究、书籍成稿与出版做出贡献的所有合作者。本书的成稿应该感谢与我共同承担工程设计的团队同事，他们分别来自于北京华清安地建筑设计有限公司、北京清华同衡规划设计研究院有限公司与清华大学建筑设计研究院有限公司等。我们通过实践，不断打磨设计理念、总结经验，深究背后的学理。二十年来，

整个大清华团队多专业通力合作，保障了这些探索性项目顺利落地实施。此外，感谢相关的室内设计、照明设计、建设实施等团队，他们对项目精益求精的态度，使很多难度很大的工程得以完美呈现。

感谢我们团队成员为本书核实每一处数据与技术细节，及时补充资料、绘制符合要求的图纸。特别感谢许宁婧博士、何欣悦设计师为本书资料的整理、文稿撰写、图片的遴选与编辑、排版等诸多环节做出的大量艰苦细致的工作，她们的敬业使本书得以顺利出版。感谢中国建筑出版传媒有限公司（中国建筑工业出版社）首席策划编辑吴宇江、副编审姚丹宁、编辑黄习习在紧张的出版时间内加班加点，以一丝不苟的工作作风保证了本书的质量。还有许多参与项目的团队成员与同事为本书提供了帮助，由于篇幅所限，未能尽列，在此一并致谢。

本书付梓之时，恰逢祖国第 75 个生日，本年亦是"十四五"的关键一年，我和团队希望能以此成果为我国城市保护与更新领域的发展尽微薄之力。

张杰

2024 年 9 月 30 日于荷清苑

审图号：GS京（2024）2306号

图书在版编目（CIP）数据

文绿融合：城市保护与更新工程实践/张杰等著.

北京：中国建筑工业出版社，2024.9. -- ISBN 978-7
-112-30472-1

Ⅰ. TU984.2

中国国家版本馆CIP数据核字第2024HA5151号

　　本书汇集了清华大学张杰教授及其团队20多年来在城市保护与更新实践中的设计成果。全书内容包括城市整体保护与更新、历史街区保护与更新、老旧厂区保护与更新、文脉织补与延续等。全书在城市保护与更新实践的基础上创造性地提出了文绿融合、新旧共生的理论方法。

　　本书可供广大建筑师、城乡规划师、风景园林师、城市设计师、历史文化保护工作者以及高等建筑院校师生等学习参考。

策划统筹：许宁婧

责任编辑：吴宇江　姚丹宁　黄习习

书籍设计：张悟静　何欣悦

责任校对：王　烨

文绿融合

城市保护与更新工程实践

张杰　等　著

*

中国建筑工业出版社出版、发行（北京海淀三里河路9号）

各地新华书店、建筑书店经销

北京锋尚制版有限公司制版

北京富诚彩色印刷有限公司印刷

*

开本：880毫米×1230毫米　1/16　印张：25¼　字数：836千字

2024年11月第一版　　2024年11月第一次印刷

定价：**276.00**元

ISBN 978-7-112-30472-1

　　（43598）